论计算思维及其教育

唐培和　秦福利　唐新来　著

·北京·

图书在版编目（CIP）数据

论计算思维及其教育 / 唐培和，秦福利，唐新来著. —北京：科学技术文献出版社，2018.4（2019.8重印）

ISBN 978-7-5189-4032-5

Ⅰ.①论… Ⅱ.①唐… ②秦… ③唐… Ⅲ.①电子计算机—教学研究—高等学校 Ⅳ.①TP3-42

中国版本图书馆 CIP 数据核字（2018）第 044222 号

论计算思维及其教育

策划编辑：孙江莉　责任编辑：赵　斌　李　鑫　责任校对：文　浩　责任出版：张志平

出 版 者　科学技术文献出版社
地　　址　北京市复兴路15号　邮编 100038
编 务 部　(010) 58882938，58882087（传真）
发 行 部　(010) 58882868，58882870（传真）
邮 购 部　(010) 58882873
官方网址　www.stdp.com.cn
发 行 者　科学技术文献出版社发行　全国各地新华书店经销
印 刷 者　北京虎彩文化传播有限公司
版　　次　2018 年 4 月第 1 版　2019 年 8 月第 4 次印刷
开　　本　710×1000　1/16
字　　数　209千
印　　张　13
书　　号　ISBN 978-7-5189-4032-5
定　　价　58.00元

内容摘要

2006 年，美国华裔学者提出“计算思维”这一概念，引起了国内外计算机界的广泛关注，教育界对计算思维及其教育给予了高度重视。梳理十年来计算思维及其教育的研究、改革与实践，发现在计算思维概念认知及教学实践方面存在很大偏差。结合多年的研究与实践，笔者对什么是计算思维给出深入的理解与解读，并从狭义与广义两方面探讨了计算思维方法学，在总结多年大学计算机基础教育“功过是非”的基础上，提出了自己的认知与见解，并在实践的基础上，给出了计算思维教育的理念、方法和途径。本书可供计算思维研究者及高校从事大学计算机基础教育的教师参考、学习。

前　言

记得第一次在全国性大会上聆听“计算思维”方面的学术报告是在2010年11月，那是在济南，报告人是陈国良院士。虽然时值隆冬，但却如沐春风。自此，笔者与同事们开始关注、研究计算思维及其教育，不敢说成效如何，但却是孜孜不倦、倍加努力。

7年多来，计算思维这根“弦”日日在拨弄着我的神经，让我痴狂，让我迷恋。何以如此？一是计算思维本身散发着令人惊叹、引人入胜的灵感和智慧，二是计算思维教育意义重大。身为计算机领域的教师，深感计算思维教育能改变“大学计算机基础”教育“乱象”，给大学通识教育带来“新风”，值得为此付出时间和精力。

我们知道，大学计算机基础教育属于通识类教育，涵盖了多门课程，自诞生之日算起，已经走过好几十年了。回顾历史，尽管各界给予了大力支持，但其道路还是“蜿蜒曲折、磕磕碰碰”。特别是入门课程，从“BASIC语言”到“计算机基础”“计算机文化基础”“大学计算机基础”，几经演变，仍然危机重重（以下谈及大学计算机基础教育，特指入门课程“大学计算机基础”）。这样说，有些人可能不以为然，甚至认为言过其实，但仔细想想以下事实，也就不难明白“大学计算机基础”面临怎么样的危机了：一是“大学计算机基础”的教学内容多半都是一些基本概念的堆砌和基本软件的使用技能，职业培训的“功利化”色彩相当浓厚；二是不少学校直接取消了“大学计算机基础”这样的课程，即便没有取消该课程，也都在大幅地压缩学时，以至于从业教师深感前景暗淡、饭碗难保；三是很多学校（以一般地方普通本科院校为主）从事该课程教学的教师来源和背景复杂，学什么专业的都有，各种岗位上的人都有，说白了只要教师数量不够，什么人都可以顶替；四是几乎每一所学校都在出版相关教材，很多学校远不止一个版本（反观“高等数学”“大学外语”等，谁敢这般造次?）；五是教育都在引导中小学开设信息技术课程，电脑、智能手机等越来越普及，以至于很多大学生入学之前就已经熟练地掌握了“大学计算机基础”课程里面的大部分内容。物之所以贵，在于稀缺，什么人都可以顶替、什么阶段都可以顶替的课程或教学内容，不面临危机才怪！

就在这个关头，周以真教授提出的计算思维送来了春风，带来了希望，人们借此解除大学计算机基础教育的危机。为此，教育部教指委振臂高呼、制定纲领，各地各校积极呼应，业界教师也都准备“撸起袖子加油干”，大有一番“山雨欲来风满楼”的景象。一时间，学术报告、论文、教材等“满天飞”，让人目不暇接、眼花缭乱。

如此这般，几年过去了，我们确有必要冷静地反思：计算思维到底是什么？计算思维教育到底该怎么做？

纵观各种学术报告、论文和教材，深入理解周以真、Peter J. Denning 等“大家”的原著，细细品味计算思维的本质，不得不说国内目前对计算思维的理解及计算思维教育的做法存在较大的偏差和谬误。非常典型的是，把“计算思维”当成了“计算机思维”；所谓的计算思维教育，简直就是“新瓶装旧酒”，几乎看不出与原来的“大学计算机基础”有什么本质的区别，更有甚者，打着计算思维的旗号，干着“唯工具论”教育的实际。如此这般，不一而足。

笔者如此道来，恐遭人不屑，也罢。好在学术问题可以“百花齐放，百家争鸣”，好在时间终究会公正地评判一切！

……

经过多年的研究和实践，笔者和同事撰写了本书。不敢说我们的观点和看法完全正确，但至少是经过深思熟虑的，能经受住时间的考验，我们有这个自信！

全书分为3章。第1章深入分析并探讨什么是计算思维，从多个角度、多个层面研讨了计算思维到底是什么，说的是否有道理，读者可慢慢品味；第2章试图从狭义到广义的角度，梳理出计算思维方法论，但计算思维博大精深，难免挂一漏万，我们也尽力了；第3章主要论述计算思维教育，这不是一件容易的事，要不然业界就不会这么“乱象丛生”了。

需要说明的是，在探讨一些问题时，书中引用了一些文献，仅仅局限在学术研讨范围，绝无私人恩怨和过节，希望大家理解。观点不对之处，真诚欢迎批评指正。

本书第1章、第2章由唐培和教授撰写，第3章由唐培和教授、秦福利研究员、唐新来教授共同撰写，全书由唐培和教授负责统稿，由秦福利研究员和唐新来教授统一审核。本书的出版得到了广西科技大学“计算思维教学团队”专项经费的资助，也得到了科学技术文献出版社的关心和支持，在此深表谢意！

一家之言，水平有限，时间仓促，错漏难免，理解万岁。但愿拙著对大家有所启发，有所帮助，若如此，深感安慰，且“善莫大焉”！

恭候您的指教！

唐培和

2018年2月25日于柳州

目　　录

第 1 章

论计算思维

计算思维不是计算机思维，它们有着本质的区别！

——题记

计算思维到底是什么？看起来这似乎已经不是一个问题，但事实好像又不是这样。正如教育部高等学校大学计算机课程教学指导委员会主任李廉教授指出的："……计算思维的内涵究竟是什么，它与我们熟悉的实证思维和逻辑思维之间有什么不同，它的内容和形式有什么特点，仍然是一个需要继续探讨的问题"①。本章根据我们的研究和理解，深入探讨计算思维的本质内涵。

第1节　概　述

2006 年，美国华裔学者周以真教授正式阐述了"计算思维"这一概念，引起了国内外学者的高度关注，并在计算机教育界产生了巨大的影响。

"计算思维"这一概念最早到底由谁提出，不必详细，也不必深入考证。粗略来看，国外"计算思维"的提法最早见于麻省理工学院（MIT）的教授 Seymour Papert 发表在《The International Journal of Computers for Mathematical Learning》（1996，1（1）：95 - 123）的文章《An exploration in the space of mathematics educations》。国内学者黄崇福于 1992 年出版的专著中提到了"计算思维"②；本书作者之一的唐培和教授于 2003 年出版的《计算学科导论》中也用一个专门的小节"逻辑——计算思维基础"来论述"计算思维"③。国内张晓如等人专门撰文谈到了"计算机思维"④，粗看起来，似乎与"计算思维"很相近，实则不是一回事。

一个客观事实是，自从 2006 年美国卡内基梅隆大学（CMU）的周以真教授（Jeannette M. Wing）在《Communications of the ACM》发表论文《Computational thinking》，并对其做了较为系统的阐述后，"计算思维"这一概念受到了广泛的关注，并逐步形成"计算思维"热潮。因此，大家都认同"计算思维"是周以真教授提出来的！

周以真教授认为，计算思维是 21 世纪中叶每一个人都要用的基本工具，

---

① 李廉．方法论视野下的计算思维［J］．中国大学教学，2016（7）：16 - 21，31.

② 黄崇福．信息扩散原理与计算思维及其在地震工程中的应用［M］．北京：北京师范大学出版社，1992：168 - 178.

③ 唐培和，聂永红，原庆能，等．计算学科导论［M］．重庆：重庆大学出版社，2003：137 - 141.

④ 张晓如，张再跃，陈凌．谈谈计算机思维［J］．计算机科学，2000，27（增刊1）：107 - 109.

它将会像数学和物理那样，成为人类学习知识和应用知识的基本素质和基本技能①。陈国良教授认为，当计算思维真正融入人类活动的整体时，它作为一个问题解决的有效工具，人人都应当掌握，处处都会被使用②。中科院徐志伟教授认为，计算思维是无处不在的，提供了理解世界的智力工具，在人类社会中具有永久的价值③。

Computational thinking builds on the power and limits of computing processes, whether they are executed by a human or by a machine. Computational methods and models give us the courage to solve problems and design systems that no one of us would be capable of tackling alone.

计算思维是建立在计算过程的能力和限制之上的，不管这些过程是由人还是由机器执行。计算方法和模型给了我们勇气去处理那些原本无法由任何个人独自完成的问题求解和系统设计。

Computational thinking is a fundamental skill for everyone, not just for computer scientists. To reading, writing, and arithmetic, we should add computational thinking to every child' s analytical ability.

计算思维是每个人的基本技能，不仅仅属于计算机科学家。在阅读、写作和算术（英文简称3R）之外，我们应当将计算思维加到每个孩子的解析能力之中。

美国国家科学基金会（NSF）建议全面改革美国的计算机教育，确保美国的国际竞争力，并在2008年启动了一个涉及所有学科的以计算思维为核心的国家重大科学研究计划CDI（Cyber-Enable Discovery and Innovation）。主要包括：一是强调在计算机导论课程中融入计算思维教育，以便普及学生的计算思维素质；二是强调计算思维是一个工具，解决所有课程问题的工具，并不只针对计算机基础课程；三是强调将计算思维相关理论拓展应用到美国各个研究领域，即开展一项以计算思维为核心的涉及所有学科的教学改革计划；四是强调各阶段学校应注重培养教师和学生的计算思维能力，以期借助计算思维的思想和方法促进美国自然科学、工程技术领域的发展。

---

① Jeannette M W. Computational thinking [J]. Communications of the ACM, 2006, 49 (3): 33-35.

② 陈国良，董荣胜. 计算思维与大学计算机基础教育 [J]. 中国大学教学，2011 (1): 7-11.

③ Xu Z W, Tu D D. Three new concepts of future computer science [J]. Journal of Computer Science and Technology, 2011, 26 (4): 616-624.

2008 年，美国计算机协会在《CS2001 Interim Review（草案）》中，就明确将计算思维与计算机导论课程绑定在一起，并要求该课程讲授计算思维的本质。同年，美国计算机科学技术教师协会在《计算思维：一个所有课堂问题的解决工具》报告中提出，对计算思维的学习应如同对数学、英语的学习一样，它们都是基础学科，可应用于各行各业。

英国计算机学会（British Computer Society，BCS）也组织了欧洲的专家学者对计算思维进行研讨，提出了欧洲的行动纲领。另外，欧美不少大学，如美国卡内基梅隆大学、英国爱丁堡大学等，率先开展了关于计算思维的课程，以期培养学生的计算思维能力。同时，不少大学还在各学科学术会上，认真地探讨了将计算思维应用到物理、生物、医学、教育等不同领域的学术和技术问题。正是欧美国家对计算思维相关理论积极推广，才使得计算思维的发展得到了国际大多数教育家们的普遍关注。

2011 年，美国计算机科学教师协会发布《K-12 计算机科学标准》（K-12 Computer Science Standards）。这份文件提供了一个贯穿幼儿园至高中的计算机教育标准，该标准将计算思维培养作为计算机科学课程的主要课程目标。

2012 年，英国 CAS（Computing at School Working Group，中小学计算工作组）提出将计算思维作为"学校计算机和信息技术课程"的一项关键内容，并于 2014 年在深入分析计算思维的定义、核心概念、教学方法和评估框架的基础上，研制出计算思维培养框架，为英国中小学计算思维教育的开展提供指导。

2012 年，澳大利亚课程、评估与报告管理局（Australian Curriculum, Assessment and Reporting Authority）发布《中小学技术学科课程框架》，将数字素养纳入学生基本能力要求，框架明确指出数字技术课程的核心内容是应用数字系统、信息和计算思维创造特定需求的解决方案①，并在 2015 年发布的《数字化技术课程标准》中提出"在数字化社会中，人们需要具备利用逻辑、算法、递归和抽象等计算方法认识事物的能力，计算思维教育就是要发展学生利用'具有程序特征的技术工具'创造、交流和分享信息，

① 任友群．数字土著何以可能？——也谈计算思维进入中小学信息技术教育的必要性和可能性［J］．中国电化教育，2016（1）：2－8.

合理管理项目，更好地生存于数字化世界中”①。2014 年 3 月，新加坡政府公布“CODE@ SG”计划，就以小学至高中生为对象，希望鼓励他们学习编程和计算思维，高年级的小学生和低年级的中学生，将通过有趣的方式接触程序设计和计算，借此启发学生的兴趣，并提高他们这方面的知识，以此培养和发展科技专才。

国内的情况如何呢？

2007 年，中科院自动化所的王飞跃先生对周以真教授的文章进行了翻译，并及时在有关会议和刊物上介绍了周以真教授的文章和理念。

曾任教育部计算机基础教育教学指导委员会主任的中国科学院陈国良院士等人敏锐地意识到计算思维及其教育的重要性，牵头组织若干高校及其教指委成员进行研究，并相继组织了多次学术推广活动。

2008 年 10 月，中国高等学校计算机教育委员会在桂林召开了一次关于“计算思维与计算机导论”的专题研讨会，探讨了科学思维与科学方法在计算机学科教学创新中的作用。

2010 年 5 月，在合肥会议上讨论了如何将“计算思维”融入计算机基础课程之中。

2010 年 7 月，在西安会议上发表了《九校联盟（C9）计算机基础教学发展战略联合声明》，确定了以计算思维为核心的计算机基础课程教学改革。

2010 年 11 月，在济南会议上，在全国性的“大学计算机课程报告论坛”大会上，陈国良院士做了专题报告，推介、研讨以计算思维为核心的基础课教学改革，会后将相关材料上报教育部，建议立项研究。

此后的每一届“大学计算机课程报告论坛”、全国性的计算机基础教育大会，甚至计算机专业教学会议、各省市召开的计算机基础教育年会等各类会议，几乎都有“计算思维”方面的专题报告。热度不可谓不高！

经过教育部教指委及其有识之士的大力推广，计算思维教育似乎已经深入人心，每一个从业者都意识到了计算思维教育的重要性，也都希望在自己的教学岗位上推行计算思维教育改革，但到真正要落实改革方案及其教学内容乃至教学方法和手段时，却又感觉困难重重、不知所措。综合来看，根源

---

① ACARA. The Australian Curriculum technologies-digital technologies [EB/OL]. [2015 - 07 - 05]. http://www. australiancurriculum. edu. au/technologies/rationale.

还是在对于计算思维到底是什么存在不同程度的认知问题。

那么，计算思维到底是什么呢?

第2节　什么是计算思维?

这些年，大家都认识到了计算思维及其教育的重要性，也都做了不少工作，取得了很多成果，但不可否认的是，认知方面的偏差还是不同程度地存在的，甚至还比较大。之所以如此，应该是没有真正理解计算思维到底是什么。

一、计算思维是什么?

要真正深入地理解计算思维，还得从周以真教授及其对计算思维的定义说起。

周以真何许人也? 她为什么具有如此大的影响力? 百度上不难查到如下信息[①②]:

周以真（英文名 Jeannette M. Wing）教授，美国华裔计算机科学家（图 1-1）。周以真从小热爱数学与科学，本科在美国麻省理工学院（MIT）主修电子工程。在学习过程中，她感受到计算机科学的无穷魅力，于是又在 MIT 攻读计算机科学系的硕士和博士学位。这位师从图灵奖得主罗纳德·李维斯特（Ronald Rivest）的年轻人，在博士毕业之后，首先去了南加州大学，任助理教授。但最终，以跨学科合作研究闻名的卡内基梅隆大学（CMU）吸引了周以真。自 1985 年起，她开始在 CMU 任教，2004—2007 年，曾担任该校计算机系主任。2007—2010 年，她负责掌管美国国家科学基金会（NSF）计算机与信息科学工程局，制定学术研究和教育资助计划。周以真在 NSF 工作前后，领导了 CMU 的计算机科学系，担任了 5 年 CMU 学术事务副校长，督导大学计算机科学学院提供的教育课程。2013 年她加入微软，担任微软研究院的副总裁。2017 年哥伦比亚大学校长 Lee C. Bollinger 宣布，周以真任哥伦比亚大学数据科学研究院主任及计算机科学

---

① http://news.columbia.edu/content/President-Bollinger-Names-Microsoft-Research-Head-Jeannette-Wing-to-Lead-Columbias-Data-Science-Institute。

② https://www.guokr.com/article/439742/? page=2。

图 1-1　周以真教授

教授。“周以真是计算机科学研究和教育领域的开创性人物。” Bollinger 说：“我们的数据科学研究院，对于这所将几乎每一个学术研究都指向于解决社会问题的大学来说，是不可或缺的。周以真的到来将会产生巨大的益处。”哥伦比亚大学数据科学研究院创建于 2012 年，如今已发展成为包括 200 多名研究人员在内的研究单位。

周以真曾任加州大学洛杉矶分校（UCLA）的理论和应用数学研究所委员会委员、美国国防高级研究计划局（DARPA）信息科学与技术委员会成员。她曾担任数十个学术、行业、政府、国际咨询和学术期刊委员会的主席或会员。她在 NSF 的工作，在提升计算思维的价值方面，得到了计算机研究协会和计算机协会（ACM）的杰出服务奖。她是美国艺术与科学学院、美国科学促进会、ACM 和 IEEE 的研究员。

周以真的工作深得同事、专家的赞赏。CMU 校长杰瑞德 · 科恩（Jared Cohon）表示：“周以真是当今最具独创性、最有创造力的计算机科学家之一。”计算机科学系的兰德尔 · 布莱恩特（Randy Bryant）教授则说：“她能燃起每个人的热情，所有人都很信任她。”

另外，才华横溢的周以真更像是“龙女”——她曾在中国研习舞剑，也学习武术，是空手道黑带四段。此外，周以真还有扎实的芭蕾舞功底，也跳过探戈、现代舞、爵士舞乃至踢踏舞。她所掌握的才艺如此之多，人们不禁要问她是怎么挤出时间学这么多东西的。“日程表啊。”她说。周以真的青春活力数十年不减，究其原因，她说那不过是因为“天性乐观，过着简单的生活”。

……

不难看出，周以真的经历与阅历非常丰富，研究成果也非常丰硕。难能可贵的是，她还非常关心教育。她提出的“计算思维”，正在也必将深刻地影响一大批人。

那么，到底什么是“计算思维”呢？

国内外学术界几乎一致认定，2006年周以真教授在《Communications of the ACM》上发表的论文《Computational thinking》给“计算思维”下了这样的“定义”：Computational thinking involves solving problems, designing systems, and understanding human behavior, by drawing on the concepts fundamental to computer science. Computational thinking includes a range of mental tools that reflect the breadth of the field of computer science①。

这段话是什么意思呢？中科院自动化所的王飞跃先生对整篇文章进行了翻译，上面这段英文，他的译文是这样的：“计算思维涉及运用计算机科学的基础概念去求解问题、设计系统和理解人类的行为。计算思维涵盖了反映计算机科学之广泛性的一系列思维活动。”

应该说，王飞跃先生的翻译非常准确，没什么瑕疵，国内学者基本上也都是这么引述的，这可以从各大会议报告及各种相关文献上得到证实。

看起来一切都很好，但仔细一琢磨，问题就来了：一是这是一个确切的定义吗？二是如何正确认识并把握计算思维的本质内涵呢？

在作者看来，这不是十分确切的定义，即便是，要准确理解它也是比较困难的。这么说，肯定让不少人不理解甚至反感，但却是事实，不然国内计算思维教育就不会出现如此大的偏差。

那么，到底该怎么理解呢？

二、概念认知与辨析

我们首先探讨对“计算思维”这一概念的认知。

针对周以真教授给出的“定义”，我们不妨从以下多个方面做一些细致的推敲和解读。

第一，名词“计算思维”（computational thinking）中的“计算”为什么是“computational”而不是“computer”或“computing”？也就是说，周

---

① Jeannette M W. Computational thinking [J]. Communications of the ACM, 2006, 49 (3): 33-35.

以真教授为什么用“computational thinking”表述“计算思维”，而不是“computing thinking”或“computer thinking”?

我们理解的是，“computational thinking”强调的是通过“计算”求解问题的思维，是更侧重于“人”的思维，强调的是“思想”、是“方法”、是“途径”；而“computer thinking”强调的是“计算机”的思维，是一种“机械”的思维；那么，“computing thinking”呢？如果把“computing”理解为“compute”的动名词，它恐怕更侧重于计算理论和技术，隐含着具体“计算”的行为和过程，属于抽象层次相对较低的范畴。何况自20世纪80年代起，“computing”还有另一个特定的含义，即“计算学科”（除周以真教授在2008年的论文中对其做了专门的注解外，Peter J. Denning也在其论文《The great principles of computing》中对此做了专门的说明①）。因此，三者有着本质的区别。需要特别注意的是，计算思维绝非计算机思维！

第二，名词“计算思维”（computational thinking）中的“thinking”翻译成“思维”本无可厚非，甚至可以说很正确，但却引起不少人的误解。我们知道，“thinking”有思想、思维、思考、想法、观点、意见、见解等含义，翻译成“思维”当然没有问题，那为什么会产生误解呢？问题就出在中文词“思维”上，有人一看到“思维”，就联想到思维形式、思维规律、思维科学乃至人脑的思维机制，甚至公开指出：思维科学、脑科学还有许多待解之谜，人脑的思维机制目前还没有搞清楚，怎么研讨计算思维？等等，这显然的“望文生义”了。必须明确的是，“计算思维”探讨的不是“思维”本身，更不是“思维”的载体或宿主，尤其是跟脑科学的研究没有太大的关系。也就是说，不管“思维科学”“脑科学”的研究进展如何，都不太可能影响“计算思维”的研讨与教育。

第三，“计算思维”（computational thinking）显然是一个专有名词，对它我们既不能“望文生义”，也不能“断章取义”。遗憾的是，国内很多人已经或正在犯这样的错误。例如，把“计算思维”看成是“计算+思维”，然后就“计算”和“思维”分别展开联想和讨论，或研讨“计算”与“思维”之间的渊源和关系。然后，就“计算”联想到计算理论、计算方法、

① 在20世纪40年代，“computing”被称为“自动计算”，而在20世纪50年代，则被称为“信息处理”。在20世纪60年代，由于其进入了学术界，于是在美国和欧洲分别被称为“计算机科学”“信息科学”。到了20世纪80年代，“computing”由一个相关领域的综合体所构成，其中包括计算机科学、信息科学、计算科学、计算机工程学、软件工程学、信息系统和信息科学。

计算技术等；就“思维”扯到思维形式、思维规律乃至思维科学等①。这不免让人想起《中医基础理论》中把“肺主气”之“气”解释成“一身之气和呼吸之气”，而《内经》实际上说的是“肺者，气之本”。《素问·六节藏象论》里黄帝问岐伯：“愿闻何谓气?”岐伯曰：“五日谓之候，三候谓之气，六气谓之时，四时谓之岁，而各从其主治焉。”这才是中医天人合一整体观念的重要内涵。

我们必须认识到“计算思维”探讨的既不是特定的“计算方法”或“计算机科学”，也不是“思维”本身或“思维科学”，更不是“思维”的载体或宿主，而应该把“计算思维”看作一个专有名词，看成一种特定的、以“计算”为基础的问题求解的方法论。这就像生活中常说的“养病”“下馆子”一样，总不能把“养病”看成是把“病”“养”起来，而是指“好好休养，把病治好”的意思；同理，“下馆子”并非指“馆子”的位置较低，它仅仅表示一种行为而已。

第四，“solving problems，designing systems，and understanding human behavior，by drawing on the concepts fundamental to computer science”意指“借助于计算机科学的基础概念去求解问题、设计系统和理解人类的行为”，这里很容易让人误解成利用计算机求解客观世界的问题，或者借此设计一个计算机应用系统。很显然，二者的差异很大。前者并没有限定论域，直译是借助于计算机科学的基础概念去求解各领域的各种问题、设计各种类型的系统，讨论的问题或需要设计的系统既可以与计算机有关，又可以无关。例如，通过计算技术来模拟和仿真核爆炸的破坏力和毁伤效果；巡航导弹精确制导系统的设计。而后者要解决的问题或待设计的系统跟计算机紧密相关，离开计算机就无法求解或设计不出期望的系统。

另外，强调理解“人类的行为”，而不是理解“计算机的行为”更突显出计算思维并非具体的计算机技术。例如，通过符号演算、人工神经网络等方法来理解人类的智能行为等。

显然，这里的“求解问题、设计系统和理解人类的行为”并不是仅仅局限在计算机科学这个学科范畴。如此一来，我们就可以理解周以真教授在谈到计算思维应用时所举的例子了——当你女儿早晨去学校时，她把当天需要的东西放进背包，这就是预置和缓存；当你儿子弄丢他的手套时，你建议

---

① 王荣良．计算思维教育［M］．上海：上海科技教育出版社，2014.

他沿走过的路回寻，这就是回推；在什么时候你停止租用滑雪板而为自己买一对呢？这就是在线算法；在超市付账时你应当去排哪个队呢？这就是多服务器系统的性能模型；为什么停电时你的电话仍然可用？这就是失败的无关性和设计的冗余性。完全自动的大众图灵测试是如何区分计算机和人类（简称 CAPTCHA）的，即 CAPTCHAs 是怎样鉴别人类的？这就是充分利用求解人工智能难题之艰难来挫败计算代理程序——这就是概念定义中所指出的“by drawing on the concepts fundamental to computer science”！

进一步说，这里的“问题”“系统”和“行为”都是普适性的，而不是特定的。那么，难道没有前提吗？当然有！前提就是能够通过“计算”的思想、理论、方法和技术来求解问题、设计系统和理解人类的行为。

第五，定义中的“mental tools”可直译为“智力工具”，并非物理意义的生产、生活、研究、学习等“工具”。也就是说，计算思维并非依赖物理意义的“计算机”，它属于思想、思维、方法论等层面上的“工具”，是一种“无形”的问题求解“工具”。这也印证了周以真教授所指出的“计算思维是思想，不是人造品”的观点。

以上是我们对周以真教授 2006 年给“计算思维”所下定义的解读。后面两点解读（第四、第五）可能不太好理解，至少跟大家的理解不一样，肯定会遭到很多人的质疑。其实这也很正常，根本的原因在于周以真教授 2006 年给出的“计算思维”的定义本身还很不严谨，翻译方面也确实存在值得商榷的地方，具体可从以下几个方面来讨论：

第一，周以真教授 2006 年给“计算思维”所下的定义总共就两句话，第一句是“Computational thinking involves…”，第二句是“Computational thinking includes…”，前一句的动词是“involve”，后一句的动词是“include”，含义都是涉及、包含、包括等，之所以选用不同的单词，不难猜想无非就是避免重复而已。我们关心的问题是，为什么不用“is”呢？如果照此推理，“汽车包含发动机、变速箱、底盘、车架、轮胎……能行使，能载物，驾驶方便等”也可以看成是“汽车”的定义吗？显然不能！进一步地，如果仔细研究周以真教授 2006 年发表在《Communications of the ACM》上的论文《Computational thinking》都是围绕计算思维作一般性的“阐述”，阐述计算思维的基本属性、内涵、意义及什么是什么不是计算思维的判断“标准”，并没有严格地给计算思维下定义，或者说周以真教授对计算思维到底是什么还有待进一步的认识和凝练，这从她后来的研究结论中

可以得到佐证。

第二，定义中的“the concepts fundamental to computer science”被翻译成“计算机科学的基础概念”看似没有问题，但却带来了计算思维教育方面的误导和概念认知方面的巨大偏差。具体地说，翻译成“计算机科学的基础概念”，大家就以为计算思维教育等同于计算机基础概念教育，为此，也有人专门研究计算思维教育到底涉及哪些基础概念？等等[①②]，如果这种认识正确的话，实在没有必要提出“计算思维”这一概念，二三十年前的“计算机软硬件技术基础”这样的课程就已经囊括了绝大部分计算机科学的基础概念了，没有必要“新瓶装旧酒”了。至于在概念认知方面的巨大偏差，也不难理解。如果翻译成“计算机科学的基础概念”是正确的话，周以真教授为什么不写成“the fundamental concepts of computer science”？难道是文法或修辞的原因吗？我们认为不是！深入分析周以真教授的系列文章和报告，深刻理解计算思维的基本内涵后，不难发现，“the concepts fundamental to computer science”应该被翻译成“计算机科学中至关重要的概念”，而非计算机科学中泛基础的概念。典型地，在 2012 年 10 月 26 日周以真教授做了“计算思维”的专题报告，该报告的概述中是这么描述计算思维的[③]：“Computational thinking involves solving problems, designing systems, and understanding human behavior by drawing on the concepts that are fundamental to computer science”。

理解这一点非常重要，否则计算思维就是“狭义”的，而非周以真教授所指的“广义”的计算思维，对此后面还会进一步讨论。

第三，定义中特别指明“computer science”，意指“计算机科学”。那么计算思维仅仅源于“计算机科学”吗？显然也不是！这可以从周以真教授后面的研究成果中予以证实（本书稍后再进一步论述）。

三、计算思维定义

事实上，给一个概念下定义确实不是一件容易的事，所以很多概念都没

---

① Brennan K, Resnick M. New frameworks for studying and assessing the development of computational thinking [EB/OL]. [2015-02-09]. http://web.media.mit.edu/~kbrennan/files/Brennan_Resnick_AERA2012_CT.pdf.

② 陈国良，董荣胜．计算思维的表述体系［J］．中国大学教学，2013（12）：22-26.

③ Asia Faculty Summit 2012。

有一个确切的定义。典型地，什么是“人工智能”？看看相关的教科书就知道，几乎没有一个非常确切的定义，教科书的作者在谈到什么是“人工智能”时，多半都是罗列国内外若干个知名学者的定义，然后再加上自己的理解，给出自己的定义。当然，即便如此也没有影响“人工智能”的研究、教学与应用。进一步说，什么是“人”？什么是“桌子”？什么是“笔”？恐怕我们也一直没有给出严格的定义（至少绝大多数人都没有认真思考过这些概念的严格定义），但都没有影响人们的工作、生活和学习。

人们对任何事情的认知总有个过程，计算思维也不例外。

周以真教授2006年对计算思维做了全面详尽的阐述，到2008年的时候，她又公开发表了另一篇文章，即《Computational thinking and thinking about computing》。在该文中她对计算思维做了更精确的界定和更深刻的描述：“Computational thinking is taking an approach to solving problems, designing systems and understanding human behavior that draws on concepts fundamental to computing”①。

我们认为，这才是计算思维精确、深刻、到位的定义。

跟2006年的定义不同，这个定义的谓语由系动词+短语组成，句法上很严谨了。

另外，2006年定义中的“computer science”（计算机科学）的学科范畴问题，现在进一步明确为“computing”。需要注意的是，这里的“computing”虽然是动词“compute”（计算）的动名词形式，但不能简单地翻译成“计算”，而是指整个计算学科。为了不引起误解，周以真教授就此专门以注解的方式做了非常明确的界定：“By ‘computing’ I mean very broadly the field encompassing computer science, computer engineering, communications, information science and information technology.”请注意，周以真教授在此把学科范畴拓展到了计算机科学、计算机工程、通信、信息科学及信息技术，用“very broadly the field”来突出其本意。也就是说，从学科范畴来说，它是广义的，而不是狭义的。

最后，我们也看到在周以真教授2008年给计算思维下的定义中，她是这么说的：“Computational thinking is taking an approach to…”，显然，计算

---

① Jeannette M W. Computational thinking and thinking about computing [J]. Philosophical Transactions, 2008 (366): 3717-3725.

思维是一种特定的、问题求解的方法或途径（思维方式）。

以上是对周以真教授给计算思维所下定义的解读和探讨。

事实上，除周以真教授以外，国内外很多人关心、关注计算思维，并对其做了深入的研究，也提出了不同的看法。

1992年，国内学者黄崇福就在其博士论文中明确定义了计算思维①："计算思维就是思维过程或功能的计算模拟方法论，其研究的目的是提供适当的方法，使人们能借助现代和将来的计算机，逐步达到人工智能的较高目标。"

美国著名学者Peter J. Denning则指出②："The term computational thinking has become popular to refer to the mode of thought that accompanies design and discovery done with computation." 翻译过来也就是："计算思维"所指的是借助于"计算"进行探索和完成设计的思维方式。

目前，美国学者认识较为统一的计算思维定义为③："Computational Thinking is the thought processes involved in formulating problems and their solutions so that the solutions are represented in a form that can be effectively carried out by an information-processing agent." 即"计算思维是一种能够把问题及其解决方案表述成为可以有效地进行信息处理形式的思维过程。"

四、计算思维特性

尽管周以真教授2006年并没有严格定义"计算思维"，但却给出了"计算思维是什么，不是什么"的6个"判定标准"（"WHAT IT IS, AND ISN'T"）或者6个"特性"，即④：

①计算思维是概念化，不是程序化；

②计算思维是根本的技能，不是机械的技能；

③计算思维是人的思维，不是计算机的思维；

---

① 黄崇福．信息扩散原理与计算思维及其在地震工程中的应用［D］．北京：北京师范大学，1992.

② Peter J D. The great principles of computing［J］. Communications of the ACM，2003，46（11）：15－20.

③ 王飞跃．面向计算社会的计算素质培养：计算思维与计算文化［J］．工业和信息化教育，2013（6）：4－8.

④ Jeannette M W. Computational thinking［J］. Communications of the ACM，2006，49（3）：33－35.

④计算思维是数学和工程思维的互补与融合，不是纯数学思维；

⑤计算思维是思想，不是人造品；

⑥计算思维面向所有的人、所有的领域（地方）。

为了更好地理解什么是计算思维，我们给出了周以真教授的原文，以及在原文后面的括号中给出了王飞跃先生的译文，然后给出我们的解读。

“Conceptualizing, not programming. Computer science is not computer programming. Thinking like a computer scientist means more than being able to program a computer. It requires thinking at multiple levels of abstraction”（概念化，不是程序化。计算机科学不是计算机编程。像计算机科学家那样去思维意味着远远不止能为计算机编程。它要求能够在抽象的多个层次上思维）。

我们知道，思维实体通过对其所在的环境进行感知，形成概念。概念以自然语言为载体，在思维实体中记忆、交流，从而又成为这些思维实体的环境的一部分。概念化就是对概念外延的拓广和对概念内涵的修正，这一过程将物理对象抽象为思维对象（语言化了的概念），包括对象本身的表示、对象性质的表示、对象间关系的表示等。例如，祖先通过对日月星辰的长期观察，有了“日、月、天、地”等概念，有了“天圆地方”的概念，有了“日出东方、日落西方”的概念，等等。因此，概念化是本我认知意识的表达和概括，是主观和抽象的。

而程序呢？它强调的是处理某一问题的过程和步骤，它很客观和具体，甚至可机械地执行；程序化则是把问题求解的方法和过程抽象（或映射）成程序的过程。例如，一个会议议程就是根据会议的客观需要，明确、具体地规定了会议的每一项内容，会议可按会议议程“机械地”开。再如，“面向对象方法论中的对象、消息、封装、继承等”属于概念化的范畴，它代表的是人们对客观世界的理解与认知，而“面向对象程序设计及其程序”则属于程序化的范畴。因此，这一点很好地印证了周以真教授所指出的“计算思维是借助于计算机科学的基础概念去求解问题、设计系统乃至理解人类的行为。”

“Fundamental, not rote skill. A fundamental skill is something every human being must know to function in modern society. Rote means a mechanical routine. Ironically, not until computer science solves the AI Grand Challenge of making computers think like humans will thinking be rote”（基础的，不是机械的技能。基础的技能是每一个人为了在现代社会中发挥职能所必须掌握的。

生搬硬套的机械的技能意味着机械地重复。具有讽刺意味的是，只有当计算机科学解决了人工智能的宏伟挑战——使计算机像人类一样思考之后，思维才会变成机械的生搬硬套）。

正常情况下，每一个人面对学习、工作和生活都需要具备最基本的一些能力，这是一种什么样的能力呢？毫无疑问，应该是分析问题、解决问题的能力，而不仅仅是没有多少思想内涵的机械的、刻板的技能。显然，“计算思维是根本的技能，不是机械的技能”基本否定了过去计算机基础教学中的“唯工具论”行为，与高等教育的基本目标非常吻合。

“A way that humans, not computers, think. Computational thinking is a way humans solve problems; it is not trying to get humans to think like computers. Computers are dull and boring; humans are clever and imaginative. We humans make computers exciting. Equipped with computing devices, we use our cleverness to tackle problems we would not dare take on before the age of computing and build systems with functionality limited only by our imaginations”（人的，不是计算机的思维。计算思维是人类求解问题的一条途径，但决非试图使人类像计算机那样思考。计算机枯燥且沉闷；人类聪颖且富有想象力。我们人类赋予计算机以激情。配置了计算设备，我们就能用自己的智慧去解决那些计算时代之前不敢尝试的问题，就能建造那些其功能仅仅受制于我们想象力的系统）。

大家知道，人的思维充满着灵感和想象力，既擅长逻辑演绎，又擅长归纳总结，还具有自由、发散、跳跃、模糊等特点。那么，计算机思维呢？我们知道，图灵机是现代电子计算机的理论模型，它非常准确地刻画了计算机思维的特点，那就是机械、精确、收敛等。显然，人的思维与计算机思维具有巨大的差异！

那么，如何理解“计算思维是人的思维，不是计算机的思维”呢？第一，计算思维的载体或宿主既可以是一切物理意义的计算机，也可以是人，或者是人和计算机的共同体，这其中恐怕更强调“人”的因素、“人”的主观能动性；第二，当人们利用计算思维求解客观世界的实际问题时，自然会用到物理意义的计算机，也就必然会涉及“抽象”和“自动化”的问题，所以周以真教授才特别指出“计算思维的本质是抽象和自动化”，但如果以此就断定“计算思维是……以形式化、程序化和机械化为特征的思维形式”，那就值得商榷了。

“Complements and combines mathematical and engineering thinking. Computer science inherently draws on mathematical thinking, given that, like all sciences, its formal foundations rest on mathematics. Computer science inherently draws on engineering thinking, given that we build systems that interact with the real world. The constraints of the underlying computing device force computer scientists to think computationally, not just mathematically. Being free to build virtual worlds enables us to engineer systems beyond the physical world”（数学和工程思维的互补与融合。计算机科学在本质上源自数学思维，因为像所有的科学一样，它的形式化解析基础筑于数学之上。计算机科学又从本质上源自工程思维，因为我们建造的是能够与实际世界互动的系统。基本计算设备的限制迫使计算机学家必须计算性地思考，不能只是数学性地思考。构建虚拟世界的自由使我们能够超越物理世界去打造各种系统）。

计算思维是解决客观世界问题的思维方法，要解决客观世界的问题，必须把抽象的数学思维与具体的工程思维有机地结合起来。我们知道，数学是研究数量、结构、变化、空间及信息等概念的一门学科，纯数学思维通常具有理想、完美、科学、抽象等特点，讨论问题的时候，还常常用到“无穷大、无穷小”、“n 维空间”等无限和虚拟的概念；而工程思维呢？面对一个工程问题，人们必须考虑人力、物力、时间、技术等方面的限制，还要受管理、制度、环境、法律等约束，许多时候需要考虑折中和取舍、效率、可靠性、安全性等。这就是周以真教授在谈到计算思维时，为什么强调折中、优化、冗余、容错等概念的原因。在这一点上，计算学科里面的“非对称加密技术”就很好地体现了数学与工程思维的互补与融合，而面对递归呢？数学思维和工程思维的侧重点显然是很不一样的，前者体现的是数学的“严格”与“美”，后者注重的是求解问题的“效率”。类似的例子还有很多，值得我们认真归纳和总结。

“Ideas, not artifacts. It’s not just the software and hardware artifacts we produce that will be physically present everywhere and touch our lives all the time, it will be the computational concepts we use to approach and solve problems, manage our daily lives, and communicate and interact with other people”（思想，不是人造品。不只是我们生产的软件、硬件人造品将以物理形式到处呈现，并时时刻刻触及我们的生活，更重要的是，还将有我们用以接近和求解问题、管理日常生活、与他人交流和互动的计算性的概念）。

思想，英文是“idea”。思想一般也称“观念”，其活动的结果，属于认识。它是客观存在反映在人的意识中经过思维活动而产生的结果或形成的观点及观念体系。很显然，在这里计算思维指的是计算学科中问题求解的思想和方法，特别是其中的灵感与火花，而非具体的技术，更不是人造的计算机系统的硬件和软件。因此，从哲学的角度看，它属于认识论、方法论层面的东西。简单地借用一句话来说，就是“Computational thinking is about idea, not technology”。

“For everyone，everywhere. Computational thinking will be a reality when it is so integral to human endeavors it disappears as an explicit philosophy”（面向所有的人、所有的领域。当计算思维真正融入人类活动的整体，以致不再是一种显式的哲学的时候，它就将成为现实）。

对此，人们自然要问，什么东西可以面向所有的人、所有的领域呢？我们知道，从技术到科学，再到哲学，越来越抽象，但应用面却越来越宽。一个具体的器件、设备、技术和技能不太可能面向所有的人、所有的领域，只能是思想、方法和能力层面的东西。因此，从这一角度来说，计算思维必然属于抽象层次较高的方法学的范畴。

至此，我们至少应该知道以下内容不应该属于计算思维：

①各种软件、硬件使用方面的知识（即“工具论”，也就是机械的技能，这个大家都认同了）；

②计算机基本概念、基本理论与基本技术方面的知识。特别是以“浓缩+拼盘”的方式介绍计算机硬件技术基础、软件技术基础方面的知识。（这可是目前盛行的做法，传授的都是“计算机系统”这一人造品的相关知识和技术！如果这也算计算思维的话，那20多年前以清华大学杨德元教授为代表的一批学者早就在推广计算思维教育了，何必现在来“炒旧饭”？笔者1990年春季学期就使用杨德元教授编著的《计算机软件技术基础》给经济管理、企业管理专业的学生授课。）

第3节　抽象与自动化

周以真教授指出，计算思维的两个核心概念是抽象与自动化。要正确理解这两个概念恐怕不太容易，需要深入、细致地加以研究和分析。

一、抽象

抽象是科学研究的重要手段，也是计算学科中一个非常重要的概念。弄清楚什么是抽象，以及抽象在计算学科中的作用和地位是每一个学习计算机技术、计算思维的人所必需的。进一步说，抽象思维法是指在感性认识基础上运用概念、判断、推理等方式透过现象抽取研究对象本质的理性思维法。

抽象既是一个概念，又是一种方法论，广泛用于科学、哲学和艺术，它是人们认识千变万化世界的有力武器。因此，抽象思维方法和能力的训练及培养变得异常重要。

（一）什么是抽象?

所谓抽象是从众多的事物中抽出与问题相关的最本质的属性，而忽略或隐藏与认识问题、求解问题无关的非本质的属性。例如，苹果、香蕉、生梨、葡萄、桃子等，它们共同的特性就是水果。得出水果概念的过程，就是一个抽象的过程，如图 1-2 所示。

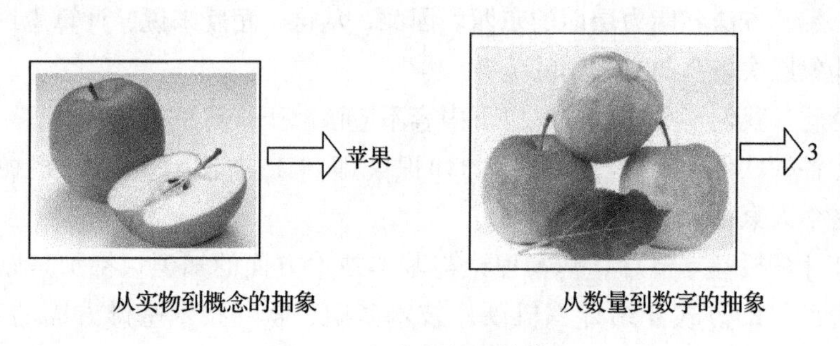

图 1-2　概念与数量的抽象

艺术领域到处使用抽象。毕加索的绘画技艺可以说是集抽象之大成，如图 1-3 和图 1-4 所示。

“抽象”这个词的拉丁文为“abstractio”，它的原意是排除、抽出。在自然语言中，很多人把凡是不能被人们的感官所直接把握的东西，也就是通常所说的“看不见，摸不着”的东西，叫作“抽象”。有的则把“抽象”作为孤立、片面、思想内容贫乏空洞的同义词。这些是“抽象”的引申和转义。在科学研究中，我们把科学抽象理解为单纯提取某一特性加以认识的思维活动。科学抽象的直接起点是经验事实，抽象的过程大体是这样的：从解答问题出发，通过对各种经验事实的比较、分析，排除那些无关紧要的因

图 1-3　毕加索的抽象派画

图 1-4　毕加索笔下的牛

素，提取研究对象的重要特性（普遍规律与因果关系）加以认识，从而为解答问题提供某种科学定律或一般原理。

在科学研究中，科学抽象的具体程序是千差万别的，绝没有千篇一律的模式，但是一切科学抽象过程都具有以下的环节。我们把它概括为：分离—提纯—简略。

所谓分离，就是暂时不考虑我们所要研究的对象与其他各个对象之间各式各样的总体联系。这是科学抽象的第一个环节。因为任何一种科学研究，都首先需要确定自己所特有的研究对象，而任何一种研究对象就其现实原型而言，它总是处于与其他的事物千丝万缕的联系之中，是复杂整体中的一部分。但是任何一项具体的科学研究课题都不可能对现象之间各种各样的关系加以考察，必须进行分离，而分离就是一种抽象。例如，要研究落体运动这一物理现象，揭示其规律，就首先必须撇开其他现象，如化学现象、生物现象及其他形式的物理现象，而把落体运动这种特定的物理现象从现象总体中抽取出来。把研究对象分离出来；它的实质就是从学科的研究领域出发，从探索某一种规律出发，撇开研究对象同客观现实的整体联系，这是进入抽象过程的第一步。

所谓提纯，就是在思想中排除那些模糊基本过程、掩盖普遍规律的干扰因素，从而使我们能在纯粹的状态下对研究对象进行考察。大家知道，实际存在的具体现象总是复杂的，多方面的因素错综交织在一起，综合地起着作用。如果不进行合理的纯化，就难以揭示事物的基本性质和运动规律。由于物质技术条件的局限性，有时不采用物质手段去排除那些干扰因素，这就需要借助于思想抽象做到这一点。

伽利略本人对落体运动的研究就是如此。在地球大气层的自然状态下，自由落体运动规律的表现受着空气阻力因素的干扰。人们直观看到的现象是重物比轻物先落地。正是由于这一点，使人们长期以来认识不清落体运动的规律。古希腊伟大学者亚里士多德做出了重物体比轻物体坠落较快的错误结论。要排除空气阻力因素的干扰，也就是要创造一个真空环境，考察真空中的自由落体是遵循什么样的规律运动的。在伽利略时代，人们还无法用物质手段创设真空环境来进行落体实验。伽利略就依靠思维的抽象力，在思想上撇开空气阻力的因素，设想在纯粹形态下的落体运动，从而得出了自由落体定律，推翻了亚里士多德的错误结论。在纯粹状态下对物体的性质及其规律进行考察，这是抽象过程的关键性的一个环节。

所谓简略，就是对纯态研究的结果所必须进行的一种处理，或者说是对研究结果的一种表述方式。它是抽象过程的最后一个环节。在科学研究过程中，对复杂问题进行纯态的考察，这本身就是一种简化。另外，对于考察结果的表达也有一个简略的问题。无论是对于考察结果的定性表述还是定量表述，都只能简略地反映客观现实，也就是说，它必然要撇开那些非本质的因素，这样才能把握事物的基本性质和规律。所以，简略也是一种抽象，是抽象过程的一个必要环节。例如，伽利略所发现的自由落体定律就可以简略地

用一个公式来表示：$s=\frac{1}{2}gt^2$。这里，s 表示物体在真空中的坠落距离；t 表示坠落的时间，g 表示重力加速度。伽利略的自由落体定律刻画的是真空中的自由落体的运动规律，但是，一般所说的落体运动是在地球大气层的自然状态下进行的，因此要把握自然状态下的落体运动的规律表现，不能不考虑到空气阻力因素的影响。所以，相对于实际情况来说，伽利略的自由落体定律是一种抽象的简略的认识。任何一种科学抽象莫不如此。

综上所述，分离、提纯、简略是抽象过程的基本环节，也可以说是抽象的方式与方法。

抽象作为一种科学方法，在古代、近代和现代被人们广泛应用。随着科学的发展，抽象方法的应用也越来越深入，科学抽象的层次则越来越高。如果说与直观、常识相一致的抽象为初级的科学抽象，那么与直观、常识相背离的抽象可以称之为高层次的科学抽象。

抽象法在科学发现中是一种不可少的方法。人们之所以需要应用抽象法，其客观的依据就在于自然界现象的复杂性和事物规律的隐蔽性。假如说自然界的现象十分单纯，事物的规律是一目了然的，那就不必要应用抽象法了，不仅抽象法成为不必要，整个科学也是多余的了。但是，实际情况并非如此。科学的任务就在于透过错综复杂的现象，排除假象的迷雾，揭开大自然的奥秘，科学地解释各种事实。为此就需要撇开和排除那些偶然的因素，把普遍的联系抽取出来。这就是抽象的过程。不管是什么样的规律，什么样的因果联系，人们要发现它们，总是需要应用抽象法的。抽象法也同其他各种科学思维的方法一样，对于科学发现来说，起着一种帮助发现的作用。

在科学研究中，抽象的具体形式是多种多样的。如果以抽象的内容是事物所表现的特征还是普遍性的定律作为标准加以区分，那么，抽象大致可分为表征性抽象和原理性抽象两大类。

1. 表征性抽象

所谓表征性抽象，是以可观察的事物现象为直接起点的一种初始抽象，它是对物体所表现出来的特征的抽象。例如，物体的形状、重量、颜色、温度、波长等，这些关于物体的物理性质的抽象，所概括的就是物体的一些表面特征。这种抽象就属于表征性抽象。

表征性抽象同生动直观是有区别的。生动直观所把握的是事物的个性，是特定的“这一个”，如“部分浸入水中的那支筷子，看起来是弯的”，这里的筷子就是特定的“这一个”，“看起来是弯的”是那支筷子的表面特征。而表征性抽象却不然，它概括的虽是事物的某些表面特征，但是却属于一种抽象概括的认识，因为它撇开了事物的个性，它所把握的是事物的共性。如古代人认为，“两足直立”是人的一种特性，对这种特性的认识已经是一种抽象，因为它所反映的不是这一个人或那一个人的个性，而是作为所有人的一种共性。但是，“两足直立”对于人来说，毕竟是一种表面的特征。所以，“两足直立”作为一种抽象，可以说是一种典型的表征性抽象。

表征性抽象同生动直观又是有联系的。因为表征性抽象所反映的是事物的表面特征；所以，一般来说，表征性抽象总是直接来自一种可观察的现象，是同经验事实比较接近的一种抽象。例如，“波长”，虽然我们凭感官无法直接把握它，但是，借助特定的仪器，就可以知道波长的某种表征图像。所以，“波长”也是一种具有可感性的表征性抽象。又如，“磁力线”的抽象也是如此。大家知道，磁力线本身是“看不见、摸不着”的，但是，如果我们把铁屑放在磁场的范围内，铁屑的分布就会呈现出磁力线的表征图像，所以，在这个意义上，“磁力线”也是一种可观察的表征性抽象。

2. 原理性抽象

所谓原理性抽象，是在表征性抽象基础上形成的一种深层抽象，它所把握的是事物的因果性和规律性的联系。这种抽象的成果就是定律、原理。例如，杠杆原理、自由落体定律、牛顿的运动定律和万有引力定律、光的反射和折射定律、化学元素周期律、生物体遗传因子的分离定律、能的转化和守恒定律、爱因斯坦的相对性运动原理等，都属于原理性抽象。

总之，抽象思维法是指在感性认识基础上运用概念、判断、推理等方式透过现象抽取研究对象本质的理性思维法。具体地说，科学抽象就是人们在实践的基础上，对于丰富的感性材料通过“去粗取精、去伪存真、由此及彼、由表及里”的加工制作，形成概念、判断、推理等思维形式，以反映事物的本质和规律。科学抽象是由三个阶段和两次飞跃构成的辩证思维过程。第一阶段是“感性的具体”，即通过感官把事物的信息在大脑中形成表象。第二阶段是“从感性到抽象的规定”，也是第一次飞跃。这个阶段是将事物的表象进行分解、加工、分析和研究，最终形成反映事物不同侧面的各种本质属性。第三阶段是“从抽象的规定上升到思维的具体”，这是科学抽象的第二次飞跃。它是将事物的各种抽象规定在思维中加以综合、完整地重现出来，形成对事物内在本质的综合性的认识。

抽象既然如此重要，我们就要对抽象的概念进一步认真考察。其实，抽象并不是什么玄妙的概念。我们日常生活里谁都会用到抽象，只是没有认真地去思考它罢了。例如，听到敲门声我们会说“有人来了”。这就是一个很好的抽象。试问谁见过“人”？仔细想想谁都见过“人”，谁也没见过“人”。具体的“人”到处皆是，然而，既非男，又非女，既不是老年又不是小孩，也不是中年或青年的“人”，谁也没见过。它是抽象的“人”，具有“人”的一切属性但不包括任何个性的“人”，当然不存在。“人”是对具体“人”属性的本质的理解，这也是共性寓于个性的基本原理。

（二）抽象的层次性

自然界事物及其规律是多层次的系统，与此相应，科学抽象也是一个多层次的系统。在科学抽象的不同层次中，有低层的抽象，也有高层的抽象。在科学发现中，相对于解释性的理论原理来说，描述性的经验定律可以说是低层抽象，而解释性的理论原理就可以说是高层抽象。必须指出，我们把科学抽象区分为低层抽象和高层抽象，是相对而言的。理论抽象本身也是多层次的。例如，牛顿的运动定律和万有引力定律相对于开普勒的行星运动三大定律来说，是高层抽象，因为我们通过牛顿的运动定律和万有引力定律的结合，就能从理论上推导出开普勒由观测总结得到的行星运动三大定律。如果高层抽象不能演绎出低层抽象，那就表明这种抽象并未真正发现更普遍的定律和原理。一切普遍性较高的定律和原理，都能演绎出普遍性较低的定律和原理。一切低层的定律和原理都是高层定律和原理的特例。如果一个研究者从事更高层的抽象，其结果无法演绎出低层抽象，那就意味着他所做的高层抽象是无效的、不合理的，应予纠正。

1. 不同层次的抽象

显然，同一事物我们可以在不同层次抽象它。例如，说到某人，可以有如下 10 个层次的抽象：

张三	具有张三本人一切属性
广西科技大学学生	略去本人的具体属性
大学男生	略去广西科技大学的属性
大学生	不分性别
青年人	略去社会属性
人	略去生理属性
动物	仅就动物学观点

生物　　　　　　　　　仅就生物学观点
物质　　　　　　　　　哲学家观点
要素　　　　　　　　　非常抽象的哲学概念

正是因为抽象的不同层次，所以抽象出的外在属性是不相同的。低层抽象体现了高层抽象的属性，但不能代表高层抽象。我们可以谈“张某是青年人”，但青年人远不止张某一个。反过来说：高层抽象蕴涵了低层抽象的主要属性，也不能代表低层抽象的全部属性。我们说“张某是个青年人”，但青年人并不一定要像张某那样长一脸的络腮胡子，穿蓝夹克衫。

2. 我们可在不同的抽象层次上去认识、处理客观事物（问题）

实际生活中这样的例子很多。比如说打仗，司令部的首领、元帅、参谋们关心的是敌我兵力、装备和士气的对比，现场条件及为取胜而实施的战略；将军或师长、团长、营长、连长们关心的是他们那个地段的地形、兵力部署，以及为取得胜利而制定的战术方案和作战要求；士兵们则关心他们自己的枪法和格斗技术水平，如何多杀伤敌人并保护好自己。显然，司令员心目中的打仗概念和士兵心目中的打仗概念，以及为打仗要做的事是完全不同的。司令员并不关心某个士兵是用枪还是用手榴弹，士兵也不需过问为什么要守住某个咽喉要道，为什么又要放弃另一个根据地，尽管他们都在处理同一战争命题。

3. 虽然我们可在高的抽象层次上处理事物，但若没有低层的实现，高层的抽象将失去意义

这就像没有士兵的司令员，没有硬件的软件一样。也就是说，不管在哪一个层次上处理该事物，最终还得由低层实现，只是处理者不知道或不需知道罢了。例如，司机心目中的汽车及驾驶汽车是靠方向盘、刹车、油门和交通规则。我们知道，没有发动机、车轮、车架、变速器，汽车是不能动的。但司机可以不了解发动机的转速、功率、热效率及差速齿轮的模数。这种处理上的独立性和实现上的相互联系是不同层次抽象的重要特性。对于计算机，人们利用抽象原理得以从宏观上控制其复杂性，实现信息隐藏，实现软件叠加，从而改善设计者的工作界面和环境，使计算机更“宜人化”。

可见，抽象在计算学科中占有极其重要的地位。

二、计算思维及其抽象

抽象具有层次性，而计算思维又是一种抽象的、基于“计算”的问题

求解方法论，那么它的抽象性又如何表述呢？

既然计算思维建立在“计算”基础之上，我们不妨先从最低层的抽象说起，即数据抽象、控制抽象，然后再到模型与算法抽象，最后到基于“计算”的方法论抽象及抽象的计算思维语言。

（一）数据抽象

计算机的低层世界充分体现了抽象是无处不在的。例如，组成计算机的最基本的元件为晶体管（半导体三极管），它有两种基本的状态：导通与截止。一般情况下，处于导通状态时，它的集电极上的电压等于0伏（低电平）；处于截止状态时，集电极上的电压等于5～7伏（高电平）。人们把这两种不同的状态抽象成0和1，也就是用0和1来表示这两种完全不同的状态，从而以二进制的形式来表示数。二进制数毕竟与人们生活中所使用的十进制数（十六进制、八进制）不一样，不便于人脑计算和记忆。自然需要进一步抽象，使之变成我们所熟知的十进制数和符号。当我们在计算机世界中描述一个客观世界的事物时，希望用一个抽象的实体来表示，这就有了抽象数据类型（ADT）。进一步，为了使计算机世界的实体与客观世界的实体有一致的映射关系，既要描述其状态，又要描述其行为，把二者结合起来，就有了“对象”的概念。这种从低层到高层逐步抽象的过程如图1-5所示。

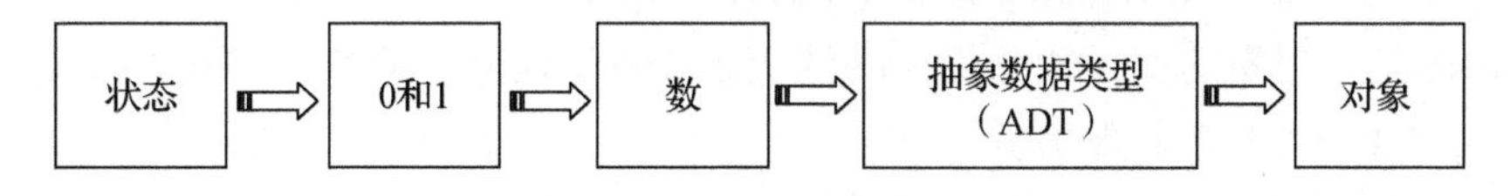

图1-5　数据抽象的过程

抽象数据类型规定了我们对二进制码的解释，也就规定了一组值的集合和可以对其施加操作的集合。例如，在C语言中，有如下定义：int x。在这里，名字x就对应某个存储单元的地址，x的值是两个连续的存储单元（两字节）中的二进制代码的抽象。对x的操作要按整数运算规则进行。

在基本数据类型的基础上可以定义数据包（package，对应于Ada语言）或类（class，对应于C++）。类的名字所代表的数据更为抽象，它规定了其中的一些不同类型的数据，以及这些数据所允许的计算（即操作）。其实，类名就代表了一个复杂的数据。

数据的抽象使我们能在更高的层次上操纵数据。每个高层数据运算的实现在其内部完成。正如国务院各部门提出任务并检查其工作一样，各部门内部的工作，一般情况下，不受其他部门工作的干扰，这就有利于控制其复杂性。

（二）控制抽象

计算机世界中不仅有数据，还要能对数据进行加工。不难理解，数据加工就是对数据进行算术运算、关系运算、逻辑运算等。面对不同的计算任务及不同体量的数据，数据加工是有处理流程的。因此，在计算机内部必须要有某种机制对数据加工的次序进行控制，以确保数据加工的正确，这就是控制流程。显然，控制流程的抽象就是控制抽象。

控制抽象也是分层次的。最低层是机器代码一级的抽象，然后才是汇编指令一级的抽象，再进一步就是高级程序设计语言层级的抽象，最后是程序单元级的控制抽象。由于机器代码级和汇编指令级的抽象相对是比较低层的、不容易理解，在此不打算过多描述。

在高级程序设计语言这一层级，控制抽象也是程序设计中的一种抽象形式，它隐含了程序控制机制，而不必说明它的内部细节。不管哪一种程序设计语言，在控制抽象方面一般都提供了顺序、条件选择、循环等控制抽象语句，便于人们设计出顺序程序、选择程序和循环程序。

早期的程序控制，除了赋值和隐含的从上到下、从左到右执行外，就用goto语句把程序的执行转移到程序员认为合适的地方。例如，在BASIC语言中就有如下的程序控制方式：

```
 10   I = 1
 20   A = B(I) + C(I)
 30   if(I > N)then goto 100
 40   I = I + 1
 50   goto 20
100   A = A/100.0
........
```

它和以下写法：

```
for(i = 1;i < = N;i + + )
A = B(i) + C(i);
```

```
A = A/100.0;
........
```

是同样的循环控制，后者是前者循环控制的抽象，for 语句隐含地指明了转移。同样，C 语言的 if-else 块语句是条件控制的抽象，不用 goto 语句指明，这是语句级的控制抽象。

程序单元级的控制抽象描述的就是在子程序、函数或分程序（也叫程序块）的层次上的控制方法。人们使用调用语句（call）就可显式地使控制转移到子程序。子程序执行完会自动返回到调用点。为了实现控制的抽象，子程序比主程序抽象级别高，其内嵌子程序又比它的抽象级别高。

单元级控制也按顺序、嵌套组织。

控制抽象有利于程序的可读性、可修改性。

（三）模型抽象

不仅数据对象和程序控制离不开抽象，建立计算模型（数学模型）也离不开抽象。所谓计算模型就是突出可计算的属性而略去其他细节。模型化就是抽象意义上的一致性，这对于学自然科学的人是非常熟悉的。因为绝大多数公式和定理都做了假设，略去了现实世界里与问题关系不大的细节，而写出的公式就是数学模型。当然，计算模型不只是数学模型，这个必须在此申明。

不少问题的数学模型是显然的，以至于我们从未感到需要模型。但是有更多的问题需要靠分析问题来构造其数学模型。建立计算模型要善于利用层次的抽象，因为有些问题在低层次上无法计算而在高层次上却可以。例如，一张牧牛的风情画，画了 10 头牛、3 个人、5 棵树、4 块石头，我们能建立什么样的计算模型呢？开始时我们不知所措，因为这些数据是不相关的，无法计算。如果提高抽象层就可计算了。例如，动物有 13 个，生物是 18 个，实体是 22 个。

动物：10 + 3 = 13

生物：10 + 3 + 5 = 18

实体：10 + 3 + 5 + 4 = 22

我们再看一个例子。求房间里楼板承力点数 w：

$$w = ?$$

要回答这个问题，我们需要到房间里考察一下：1 张床，1 个方桌，3 个人站着，4 把椅子。于是，可以写出以下算式：

$$w = 1 \times 4 + 1 \times 4 + 3 \times 2 + 4 \times 4 = 30$$

这个算式不好编程，即使使用常数表达式可以写在 FORTRAN 77 的输出打印语句之中，编出来的也是打印特例。抽象一点就好编了。我们把床、桌、人、椅的个数抽象掉，则有：

$$w = 4x + 4y + 2z + 4v$$

只要临时读入床、桌、人、椅的个数，本程序立即可算出 w。通用性也好，不仅 1 床、1 桌、3 人、4 椅可以算，其他数目也可以算。但系数 4、4、2、4 隐含地限定为四条腿或两条腿的物体，如果再抽象为：

$$w = Ax + By + Cz + Dv$$

把每种物体的腿数抽象掉，这样，落地灯（1 腿）、衣架（3 腿）、大餐桌（6 腿）都可算，将腿数、个数接连输入也不易出错。如果再抽象为：

$$w = \sum_{i=1}^{4} X_i Y_i$$

这是按 4 种物体加权和的形式写出的式子。编程序时不仅可写一个表达式，也可以组织循环，这是通常的数学模型。如果再抽象为：

$$w = \sum_{i=1}^{n} X_i Y_i$$

即用 n 代替 4，则程度通用性更好，准备数据时更不易出错。按该表达式编写子程序也很方便。输入的数据放在主程序里，可修改性也变好了。如果再抽象为：

$$w = \sum XY$$

此时，只能编子程序（模块），它仅仅是本题的算法描述，无法编写主程序进行计算，所以不能运行。如果再抽象为：

$$w = ?$$

我们就会惊奇地发现，它又回到我们问题的出发点。原来“求房间里楼板承力点数”这个命题是最抽象的。于是，我们联想到能不能把这个抽象次序倒转过来——从抽象的命题出发，一步一步具体化。我们的程序不就设计出来了吗？

$w = ?$	抽象的命题
$w = \sum XY$	经过分析，这是个求加权和的问题

$$w = \sum_{i=1}^{n} X_i Y_i$$ 建立求解算法,可编写子程序(函数)

$$w = \sum_{i=1}^{4} X_i Y_i$$ 可以写出完整的程序

再往下做已无必要了。其实，这就是自顶向下逐步细化的程序设计方法，它利用的是不同层次抽象原理。

以上讨论的是模型抽象，下面再看看算法抽象。

（四）算法抽象

模型一旦建立起来，就要设计恰当的算法，并将算法表述出来。当然，若要计算机去执行算法，还得利用程序设计语言将算法转化为计算机可以“读懂”的程序代码，即所谓的“编程”。狭义的计算思维研究的就是怎么把问题求解过程映射成计算机程序的方法。

计算机与算法有着不可分割的关系。可以说，没有算法，就没有计算机；或者说，计算机无法独立于算法而存在。从这个层面上说，算法就是计算机的灵魂！但是，算法却不一定依赖于计算机而存在。算法可以是抽象的，实现算法的主体可以是计算机，也可以是人。只能说多数时候，算法是通过计算机实现的，因为很多算法对于人来说过于复杂，计算的工作量太大且常常重复，对于人脑来说实在是难以胜任。

事实上，我们日常生活中到处都在使用算法，只是没意识到罢了。例如，我们到商店购物，首先确定要购买的东西，然后进行挑选、比较，最后到收银台付款，这一系列活动实际上就是我们购物的“算法”。再如，办公室人员每天上班要做的事情：先搞好清洁卫生，然后烧好开水，领取报纸杂志和文件，请示领导的工作安排……这一系列的工作程序其实就是“算法”。类似的例子还有很多。这些算法与计算学科中的算法的最大差异就是，前者是人执行算法，后者交给计算机执行。不管是现实世界，还是计算机世界，解决问题的过程，就是算法实现的过程。

那么到底什么是算法呢？

简单地说，算法就是解决问题的方法和步骤。很显然，方法不同，对应的步骤自然也就不一样。因此，设计算法时，首先应该考虑采用什么方法，方法确定了，再考虑具体的求解步骤。任何解题过程都是由一定的步骤组成的。所以，通常把解题过程准确而完整的描述称作解该问题的算法。

既然我们已经知道，算法是解决问题的方法和步骤，它是程序的灵魂，也是编写程序的依据。面对一个待求解的问题，求解的方法首先源于人的大脑，经思考、论证而产生。那么，如何描述算法呢？也就是说，算法如何表示或者描述呢？

所谓算法表示（描述），就是把这种大脑中求解问题的方法和思路用一种规范的、可读性强的、容易转换成程序的形式（语言）描述出来。

我们先看几个例子。

例 1–1 交换两瓶墨水。设有两瓶墨水，一瓶是红墨水，一瓶是蓝墨水。现要求把两瓶墨水交换一下，也就是把原来装红墨水的瓶子改装蓝墨水，把原来装蓝墨水的瓶子改装红墨水。我们该怎么做呢？

显然，这是很简单的问题。找一个空瓶子来“倒腾”一下就可以了（这就是解决问题的方法）。算法如下（也就是解决问题的步骤）：

第一步：将红墨水倒入空瓶子中；

第二步：将蓝墨水倒入原来装红墨水的瓶子中；

第三步：将原来空瓶子中的红墨水倒入原来装蓝墨水的瓶子中；

第四步：结束。

这个简单的算法，我们是用自然语言来写的，大家容易理解，但显得有点“啰唆”。如果我们用变量 a 表示红墨水瓶（里面装有红墨水），用变量 b 表示蓝墨水瓶（里面装有蓝墨水），用变量 t 表示空瓶子，用符号“⇐”表示把一个变量的值放入另一个变量之中（在这里就是指把一个瓶子中的墨水倒入另一个瓶子中），那么，上述算法就可以表示为：

```
t ⇐a;
a ⇐b;
b ⇐t;
```

这就是常用的两个变量交换的算法。可见，这样表示一个算法简洁明了。能用简洁明了的方法表示，干吗还用那么累赘、啰唆的方法呢？慢慢地，我们就会喜欢上这种抽象且简洁的表示方法。

例 1–2 计算 $a+|b|$。

当 $b\geqslant 0$ 时，$a+|b|=a+b$；当 $b<0$ 时，$a+|b|=a-b$。可得如下算法：

```
scanf(a,b);           /* 输入变量 a、b 的值 */
if(b≥0)
  c⇐a + b;
else
  c⇐a - b;
printf(c);            /* 输出结果 */
```

例1-3　求1+2+3+4+…+100。

这个问题看起来比较麻烦，但实际上它可以通过重复做一个加法运算来完成，算法如下：

```
n⇐100;
sum⇐0;
i⇐1;
do {
        sum⇐sum + i;
        i⇐i + 1;
  }while(i≤n);
printf(sum);
```

不难看出，算法是一种抽象的求解问题的思维方式，是对事物本质的抽象，看似深奥却体现着点点滴滴的朴素思想。算法独立于任何具体的程序设计语言，一个算法可以用多种程序设计语言来实现。

当用一种程序设计语言来描述一个算法时，则其表述形式就是一个程序设计语言程序。"算法代表了对问题的解"，而"程序则是算法在计算机上的特定的实现"。也就是说，当一个算法的描述形式详尽到足以用一种计算机语言来表述时，则"程序"不过是瓜熟蒂落而且唾手可得的产品而已。因而，算法是程序的前导与基础。由此可见，从算法的角度，可将程序定义为：为解决给定问题的程序设计语言有穷操作规则（即低级语言的指令，高级语言的语句）的有序集合。显然，当采用低级语言（机器语言和汇编语言）时，程序的表述形式为"指令的有序集合"，当采用高级语言时，则程序的表述形式为"语句的有序集合"。

（五）抽象与程序设计语言

什么是程序设计语言？对程序设计语言的一般理解是：“这是一种将人们想要做的工作告诉计算机的语言。”但是，这样的说法是不完整的。对程序设计语言的正确定义是：程序设计语言是一种适合于计算机和人的阅读方式、描述计算过程的符号系统。

程序设计语言从问世到现在已有半个世纪的历史了，经历了从机器语言、汇编语言到高级语言的发展阶段。其发展规律可以归纳如下：由低级抽象向高级抽象发展；由顺序语言向并发（并行）语言发展；由单机语言向网络语言发展；从单纯的科学计算发展到包括过程控制、信息处理、事务处理等各个应用领域。

语言从低级到高级的发展，其核心思想是抽象。抽象层次越低，操作越具体，掌握起来越难；反过来，抽象层次越高，越远离机器的特性，越接近数学或人类的习惯，自然也就越容易使用。

1. 机器语言

20 世纪 50 年代以前，绝大部分的计算机是用“接线方法”编程的。也就是说，程序员靠改变计算机的内部接线来执行某项任务。这是一种人们同计算机交流的方法，但那并不是程序设计语言。

最早的程序设计语言是机器语言。什么是机器语言呢？机器语言由二进制数的序列组成，是计算机硬件能够识别的，不用翻译直接供机器使用的程序设计语言。机器语言是计算机真正“理解”并能运行的唯一语言，不同机型的机器语言是不同的。在计算机诞生初期，为了使计算机能按照人们的意愿工作，人们必须用机器语言编写好程序，才能控制计算机的运行。

机器语言在内存中开辟两个区：数据区和指令区。前者存放数据，后者存放指令。CPU 从指令区第一个地址开始逐条取出指令并执行，直到所有的指令都被执行完。通常，指令格式如下：

操作码	操作数 1	操作数 2

下面给出了计算机上某条指令的机器码：

0000 0100	1010 0001	0010 1110

机器能读懂上面的二进制指令，该指令的含义是“把累加器 AX 中的值再加上 46”。因为约定操作码“0000 0100”表示的是“加”（即加法运算），而且是把它后面的两个操作数“1010 0001”和“0010 1110”相加。其中，

“1010 0001” 是累加器 AX 的代号，它存放的是另一个操作数。

我们不妨用计算机的机器语言来写一段小程序，让计算机完成表达式“18 ×26 +50” 的求值。其二进制代码如下：

```
1011 1000    0001 0010    0000 0000
1011 1011    0001 1010    0000 0000
1111 0111    1110 0011
0000 0101    0011 0010    0000 0000
```

不难看出，以二进制码的形式为机器编制程序是人们所不能忍受的，后来人们意识到可用八进制数或十六进制数来表示二进制代码指令，至少看起来简洁方便一些。例如，上述二进制程序用十六进制代码表示则为：

```
B8    12    00
BB    1A    00
F7    E3
05    32    00
```

即使如此，这样的程序也是非常难掌握的。

直接用机器语言编写程序有许多缺点：机器语言难学、难记、难写，只有少数计算机专业人员才会使用它；对于没受过程序设计专门训练的人来说，一个程序就好像一份“天书”，让人看了不知所云，可读性极差；编出的程序可靠性差，且开发周期长；因为它依赖于具体的计算机，所以可移植性差，重用性也差。

这些缺点使当时的计算机应用未能迅速得到推广。克服上述缺点的途径在于程序设计语言的抽象，让它尽可能地接近自然语言。为此，人们首先注意到的是可读性和可移植性，因为它们相对容易通过抽象而得到改善。

2. 汇编语言

20 世纪 50 年代初，人们发现用容易记忆的英文单词代替约定的指令，读、写程序就容易多了，这就导致了汇编语言的诞生。汇编语言是符号化的机器语言。它对机器语言的抽象，表现在将机器语言的每一条指令符号化：指令码代之以记忆符号，地址码代之以符号地址，使其含义显现在符号上，而不再隐藏在编码中。同机器语言的指令相比，汇编语言指令的含义比较直观，使程序设计更方便，也易于阅读和理解。但是，计算机并不能直接识别和执行汇编语言的指令，必须用汇编程序将每一条指令翻译成机器语言指令，计算机才能执行。

机器语言和汇编语言都是面向具体计算机的语言，每一种类型的计算机都有自己的机器语言和汇编语言，不同类型机器之间互不相通。两者均被称为“低级语言”。

例如，同样是表达式“18 × 26 + 50”的求值，用汇编语言（计算机）编程形式如下：

```
MOV    AX,18;
MOV    BX,26;
MUL    BX;
ADD    AX,50;
```

这样人们就比较容易理解它的含义了。

下面给出一个完整的求解符号函数的汇编语言的例子。该函数是：

$$y=\begin{cases}1, x>0\\0, x=0\\-1, x<0\end{cases}$$

用微软公司的宏汇编语言 MASM 编写的汇编程序是：

```
DATA   SEGMENT                              数据段开始
        XX   DB   X                          X 值存入 XX 单元
        YY   DB   ?                          YY 单元留作存函数 Y 的值
DATA ENDS                                   数据段结束
CODE SEGMENT                                代码段开始
      ASSUME   CS:CODE,DS:DATA              CS 段中装入代码,DS 段中装入
                                            数据
START:MOV   AX,DATA                         代码段开始
      MOV   DS,AX
      MOV   AL,XX                           将 XX 中的值转移到寄存器 AL 中
```

```
      CMP   AL,0              将寄存器 AL 中的值与 0 比较
      JGE   BIGR              如果大于等于 0 就转到 BIGR
      MOV   AL,0FFH           X<0,将 -1 放入 AL 中
      MOV   YY,AL             将寄存器 AL 中的数移到 YY 中
      HLT                     停止
BIGR:JE   EQUT                若等于 0 就跳到 EQUT
      MOV   AL,01H            将数 01H 移到寄存器 AL 中
      MOV   YY,AL             将寄存器 AL 中的数转移到 YY 中
      HLT
EQUT:MOV   YY,AL              寄存器中是 0,则移到 YY 中
      HLT
CODE   ENDS                   代码段结束
       END   START            结束
```

汇编语言是面向机器的，运行速度快，但因机器而异。汇编程序深奥难懂，而且编出的程序可移植性差，抽象层次低，较难编写和理解，对于大多数非专业人员来说，是不容易掌握和使用的。对它的改进有两个方向：一是发展宏汇编，用一条宏指令能代替若干条汇编指令，提高程序设计效率；另一个则是创建高级语言，使程序设计更方便，如赋值、循环、选择等，可以对它们进行抽象，使其同具体机器无关。

3. 高级语言

据说，最早的高级语言大约诞生于 1945 年，是德国人朱斯为他的 Z-4 计算机设计的 Plan Calcul，比第一台电子计算机还早几个月。在电子计算机上实现的第一个高级语言是 A-2 语言，它是 1952 年由格雷丝 · 霍柏（Grace Hopper）领导的小组在 UNVAC 机上开发的。目前，世界上已有数百种高级语言，用得最普遍的有 Fortran、Pascal、C、C + +、Ada、Java、LISP、Prolog和 BASIC 等。

什么是高级语言呢？一般说来，它是用类似英语的简洁方式来表达的程序设计语言。这就是说，它给计算机的指令不是 CPU 能理解的机器语言，而是使用人们容易理解的符号、单词或语句。每种高级语言都有一种编译或解释程序，它把高级语言翻译成计算机能执行的机器语言。因此，高级语言不依赖于具体的计算机，而是在各种计算机上都通用的一种程序设计语言。

高级语言接近人们习惯使用的自然语言和数学语言，使人们易于学习和使用。人们认为，高级语言的出现是计算机发展史上一次惊人的成就，使成千上万的非专业人员能方便地编写程序，使计算机能按人们的指令进行工作。

例如，同样是表达式“18 × 26 + 50”的求值，用高级语言描述就是“18 * 26 + 50”，形式上基本一致了（仅仅是乘法运算符号不一样）。另外，上面提到的符号函数，如果用C语言来描述，可得到如下的程序段，这个程序和数学公式相差无几，它有数据部分（数据声明）和操作部分（语句代码）。

```
int x,y;
if(x>0)
   y=1;
else
   if(x==0)
      y=0;
   else
      y=1;
```

其实，语言就是一台抽象的计算机。我们用高级语言编程序，就像司机掌握方向盘、油门、刹车去开汽车一样。这台抽象机器的数据也都是抽象的。例如，我们写变量 a，它的名字是 a，它的值是37.6。在这里，名字是内存中某个（某几个）存储单元地址的抽象，值是该单元内一组二进制码的抽象。

目前，高级语言是绝大多数编程者的选择。与汇编语言相比，高级语言的巨大成功在于它在数据、运算和控制3方面的表达中，引入许多接近算法语言的概念和工具，大大提高了抽象表达算法的能力。程序设计语言从机器语言到高级语言的抽象，带来的主要好处是：它与自然语言的表达比较接近。与汇编语言相比，它不但将许多相关的机器指令合成为单条语句，并且去掉了与具体操作有关但与完成工作无关的细节，不像机器语言或汇编语言那样原始、烦琐、隐晦。例如，使用堆栈、寄存器等，这样就大大简化了程序的复杂性，使其更容易学习和掌握。同时，由于省略了很多细节，编程者也就不需要有太多的专业知识，设计出来的程序可读性好、可维护性强、可

靠性高。因为与具体的计算机硬件无关，所以写出来的程序可移植性好、重用率高。由于编译程序可以完成烦琐的“翻译”工作，所以程序设计的自动化程度高、开发周期短，使程序员可以集中时间和精力去从事对于他们来说更为重要的创造性劳动，以提高程序的质量。

（六）计算思维语言

从以上讨论中可以知道，我们今天用高级语言编写程序是处在从问题到实现的某个中间层次上。由于技术限制，除极个别领域外，目前还不允许人们使用面向问题的语言来描述基于“计算”的问题求解“程序”，甚至像做数学演算一样去写“程序”，都不可能。

我们用高级语言编程序，只是抽象层次相对机器语言、汇编语言更高一些而已，本质上还是“狭义”的“高级”。之所以这么说，因为用高级语言编写的程序最终是交由一台具体的机器（物理意义的计算机）来编译和执行，它不可能脱离物理意义的计算机。

因此，我们过去、现在甚至未来所使用的（高级）程序设计语言是人和机器之间交流的媒介，人们借助于（高级）程序设计语言写出程序，通过程序的运行，指令计算机（机器）完成相应的计算，从而实现问题的求解。也就是说，它们都拘囿于计算机科学与技术。

那么，计算思维呢？它是抽象层次更高、具有“广义”特性的问题求解方法论，它不需要依赖于具体的、物理意义的计算机，即便与计算机有关，也不局限于当下现实意义的电子计算机，也可以是未来的量子计算机、生物计算机等。

很显然，计算思维语言至少在以下两方面与大家所认知的（高级）程序设计语言不同：一是计算思维语言更多的应该是人与人之间交流的媒介；二是计算思维语言即便与计算机有关，那也不依赖于某种特定的、物理意义的、狭义的计算机（机器）。

这就像算法描述语言一样，用它描述出来的算法不能直接在计算机上运行，是供软件设计者、程序员相互交流的。当然，计算思维语言的抽象层次更高，因为它“面向所有的人、所有的领域（地方）①”，而不仅仅是软件工作者或者程序员们。

---

① Jeannette M W. Computational thinking [J]. Communications of the ACM, 2006, 49 (3): 33-35.

事实上，语言就是一台抽象的计算机，计算思维语言也不例外。只是这里所说的“计算机”更加广义，它既可以是现实的或者未来的计算机器，又可以是人，甚至更多的是指人。

那么，计算思维语言如何抽象和表述呢？国外有学者在做这方面的研究，但我们还没有看到最终的结果。不管怎么说，至少我们认为应该开发计算思维语言，以便更好地推广计算思维及其应用。

（七）抽象与方法论——基于“计算”的方法论抽象

客观世界的问题是极其多样的，然而基于冯·诺依曼模型的电子数字计算机只能进行数字、逻辑和字符运算。这些数、逻辑量、字符串是人们对客观事物的描述，因而本质上是事物的抽象，这点和数学是一样的。我们只有把对客观事物的描述抽象为数据才能运算。当然，这里“数据”还包括逻辑量和字符串，而不单单是数字，这一点和传统的分析数学又是不一样的。

例如，当我们利用计算机系统做一个公司职员信息管理系统时，就要把被管理的每一个职员映射成计算机世界里的一个个实体。这个过程实际上就是一种抽象，因为我们关心的是要管理的职员的信息，如姓名、性别、年龄、专业等，对于不需要关心的信息就忽略了，如职员的眉毛有多少根、职员的发型怎么样、嘴的大小等。

抽象的意义当然不只是抽象出数据，更主要的是利用抽象使我们设计的程序能正确地映射客观事物。

一般来说，借助于数学抽象（即数学模型）我们就可以编程序了。如果要借助于计算机和“计算”的方法来解决问题，除了必要的数据，还要有相应的算法及其对应的程序。有了好的算法，通过某种程序设计语言，把算法变成计算机能够执行的程序，就是程序设计。

实际上，程序设计就是把客观世界问题的求解过程映射为计算机的一组动作。用计算机能接受的形式符号记录我们的设计，然后运行实施。动作完成了，得出的数据往往也不是问题解的形式，而是解的映射。

例如，在交通控制程序中用高级语言输出的红、绿、黄信号灯多半是1、2、3这样的数字符号。图1-6是利用计算机求解问题的示意。

显然，程序设计是从问题开始的，直到用某种语言编写出源程序。源程序所用语言是程序员的工具，通过编译（解释）软件可将源程序变为可执行的机器指令程序。源程序一方面是机器动作的抽象（面向机器），另一方面是问题求解步骤的抽象（面向问题）。程序执行后得到结果数据，这些数

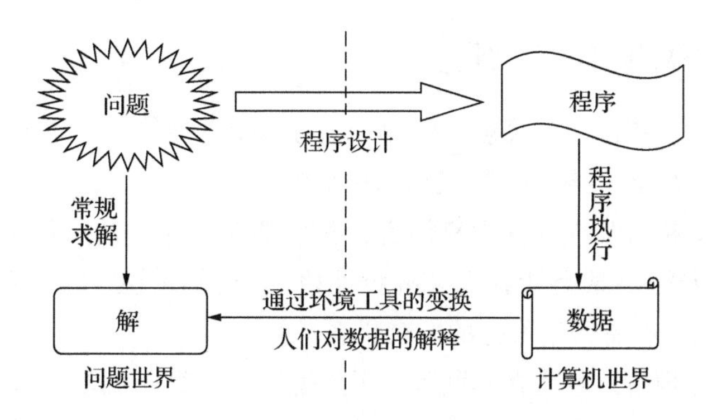

图 1-6　问题求解的抽象过程

据通过人们的解释或者通过环境工具变换为解。也就是说，运行结果数据也只是解的映射。例如，三次方程求根，得到 6 个数：37.206、0.000、21.370、4.875、21.370、-4.875，我们可以解释为一个实根 37.206，两个共轭复根 $21.370 \pm 4.875i$。

这就是狭义的、基于“计算机”的问题求解的“方法论”，它与理论思维或实证思维完全不一样！另外，也可以说，基于“计算机”的问题求解从程序设计到对解的理解到处都是抽象。我们没有用机器码编写程序，机器却能够按我们的意思解题，其根本原理也就在于抽象。

必须说明的是，周以真教授所讨论的“计算思维”是广义的计算思维，是一种哲学方法论层面的、抽象的问题求解的方法论，而不仅仅是计算机科学或者计算学科中的理论抽象或形式抽象。

以上我们用了不少篇幅讨论抽象及其与计算思维的关系问题。至此，我们必须明确的是：计算思维的抽象与计算学科的抽象是不同层次的抽象，不能混为一谈。

同时，计算思维中的抽象化与数学（逻辑思维）的抽象化也有着不同的含义。这至少在两个方面，计算学科中的抽象往往比数学和物理学更加丰富和复杂。第一，计算学科中的抽象并不一定具有整洁、优美或轻松的可定义的数学抽象的代数性质，如物理世界中的实数或集合。例如，两个元素堆栈就不能像物理世界中的两个整数那样进行相加，算法也是如此，不能将两个串行执行的算法“交织在一起”实现并行算法。第二，计算学科中的抽象最终需要在物理世界的限制下进行工作，因此，必须考虑各种的边缘情况和可能的失败情况。

三、计算思维及其自动化

周以真教授指出，计算思维的两个核心概念是抽象与自动化。前面我们讨论了抽象，那么“自动化”又如何理解呢?

仅就计算机科学或计算学科而言，我们知道：计算是抽象的自动进行，自动化隐含着需要某类计算机去解释抽象①。也就是说，“计算”与“抽象”“自动化”有着密不可分的内在联系。

为更好地理解这种内在的联系，不妨说说“计算”的演化过程。

计算的演化过程大致可以从两个方面来描述。一是从“心算”到“符号演算”的演化；二是从“机器计算”到“自动计算”的演化。

我们先看从“心算”到“符号演算”的演化。“心算”是一种不凭借任何工具，只运用大脑进行算术的方法，可谓源远流长。人类进化的早期，只能做一些非常简单的计算，随着不停地“劳动”和进化，人类的心算能力也在不断地增强，少数人的心算能力甚至达到了令人惊讶的程度（看过电视节目《超强大脑》的人应该有非常深刻的印象）。但不管怎么说，心算必须依赖于人类大脑的“智慧”，能力跟天赋有关。少数人心算能力特别强，但绝大部分人心算能力有限，只适用于做简单的计算。

人类与动物相比，最大的特点是发明并利用工具改造世界，提升自身的认知水平和能力。当人类发明了笔、纸、符号以后，借助于笔和纸，利用数字符号、运算符号进行演算（如 124 + 235 = 359），极大地提高了人类自身的计算能力。

“符号演算”能力属于抽象层面的能力，需要掌握演算的方法、规则等。例如，对于乘法，我们就得熟记九九乘法表。更高层次的符号演算，还需要掌握更多的知识，如高等数学里面的微分与积分。

再看从“机器计算”到“自动计算”的演化。借助于人力或蒸汽动力，人类探索了很长一段时间，设计专门的计算工具，以使计算过程机械化。算盘、Pascal 加法器等，都是这方面的典型代表。进入电子时代后，人们以组合的电平“状态”表示“数”，以特定频率的电信号驱动计算“过程”，从而导致了电子数字计算机的诞生。正是由于电子数字计算机的出现，终于使

---

① 陈国良，张龙，董荣胜，等. 大学计算机素质教育：计算文化、计算科学和计算思维 [J]. 中国大学教学，2015 (6)：9 – 12.

"自动计算"或"计算自动化"这么一个人类苦苦追求的梦想变成了现实。

无论从"自动计算"的理论模型（如图灵机），还是从基于冯·诺依曼模型的电子数字计算机工作原理看，自动计算的本质主要体现在以下几个方面：

①计算任务可分解。一个大的计算任务可分解成若干个小的计算任务，一个小的计算任务又可以进一步分解成更小的计算任务，这种分解不断地持续下去，直至每个微小的计算任务以一种姑且称之为"原子计算"的粒度可机械地完成为止。

②计算过程机械化。按照某种特定的逻辑顺序，对已经被分解成"原子计算"的子任务进行连续地、机械地计算，整个计算过程可自动地进行。

③自动化的计算过程一旦开始就不再需要借助人的体能，也不需要人工干预，更不需要依赖人的智慧和灵感。

可见，自动化是计算在物理系统自身运作过程中的表现形式（镜像）。因此，陈国良院士指出：什么能被（有效地）自动化是计算学科的根本问题①。

从计算学科的角度来说，"什么能被（有效地）自动进行？"必须探讨计算复杂性理论，因为这是计算机科学家必须面对的问题。事实上，在计算复杂性理论研究方面，催生了一大批成就非凡的知名学者，培养了许许多多的博士和硕士研究生。但客观地说，对计算机专业本科生来说，计算复杂性理论还是相当"头疼"的，甚至是难以接受的。

进一步地，有文献指出："自动化"包含的核心概念有：算法到物理计算系统的映射，人的认识到人工智能算法的映射；形式化（定义、定理和证明）、程序、算法、迭代、递归、搜索、推理；强人工智能、弱人工智能等①。

显然，以上讨论的问题都是从自动计算的本原及计算机科学的角度出发的，涉及的概念都比较专业、艰深，非专业人士很难理解和掌握。

不难理解，所谓自动化，就是事物的处理过程可机械地、自动地执行，且整个执行过程不需要依赖于人。

那么，为什么"自动化"又是计算思维的本质特征呢？

计算机科学的根本问题是"什么能被（有效地）自动进行？"而计算思

---

① 陈国良，董荣胜. 计算思维的表达体系［J］. 中国大学教学，2013（12）：22－26.

维的本质特质又是“自动化”（或者说“自动化”是计算思维的核心概念之一），二者是一回事吗？显然不是！区别就在于：前者强调的是“什么能、什么不能自动进行？如果能自动进行，其有效性如何？”也就是可计算性及其计算复杂性问题；后者强调的是人和机器的协同问题，即问题求解过程中哪些环节适合（必须）人处理、哪些环节适合机器自动地处理。

周以真教授认为，“计算机”既可以是一台机器，又可以是一个人，也可以是人和机器的组合。那么，计算思维中的“自动化”，显然就是关注问题求解过程中，哪些环节或者说哪个抽象层面的问题适合于“人”处理，哪些环节或者说哪个抽象层面的问题适合于“机器”处理。这其实也就是人与计算机的协同问题，这才是“所有的人”应该学习、理解并掌握计算思维的核心和关键！也就是说，计算机科学家或者专业人士关注的是“能行性”和“有效性”这类理论性非常强的、学科的根本性问题，而非专业人士肯定不需要关注深奥的计算复杂性理论，只要以一种容易让人理解的方式知道“能行性”和“有效性”的“结果”或“结论”，明白哪些事情由人做、哪些事情可由机器自动完成即可，否则计算思维怎么可能面对“所有的人，所有的领域”？

进一步说，抽象与自动化是密切相关的问题，周以真教授甚至指出“计算是抽象的自动化”。自动化意味着需要某种计算机来解释抽象[①]。而我们都知道，抽象是分层次的，不同层次的抽象是不一样的，那么相应地，“自动化”自然也有对应的层次问题，即不同层次的抽象对应不同层次的自动化。典型地，在物理实现层面上，依据频率恒定的控制信号，在控制器的统一协调与指挥下，整个计算机系统自动地完成指定的计算任务；在指令层面上，按照指令逻辑自动地完成指定的计算任务；在高级语言程序方面，如何把高级语言程序自动地转换为机器可直接执行的机器语言程序；在问题求解层面上，哪些环节（部分）需要人工处理，哪些环节（部分）可被机器自动地完成，以及有没有更好的抽象技术，使之自动地映射成计算机世界的解；在方法论层面上，如何充分发挥人和机器各自的优势和特点，以充分体现计算思维意义的“计算机”既可以是一台机器，又可以是一个人，也可以是人和机器的组合。

当然，随着科学技术的不断进步，问题求解过程中，需要人工处理的事

---

① 陈国良，董荣胜．计算思维的表达体系［J］．中国大学教学，2013（12）：22－26.

情肯定越来越少，能由机器自动完成的工作肯定越来越多。从理论上来说，一旦达到所有问题求解的全过程都能由机器自动地完成，而不再需要人参与的终极目标，那么，研讨、学习、掌握“计算思维”也就没有任何意义了。

第4节 质疑、商榷与辨析

作为“新生事物”的“计算思维”，一经提出，就得到了学界非常广泛的关注。自从2010年后，国内“C9联盟”及其教育部教指委的引导与推行，各地高校先后都在计算机基础教学方面试探着进行计算思维教育的改革与实践，大有“星星之火，可以燎原”的态势，确实令人鼓舞。但也必须清醒地认识到，由于认识及理解不同，很多高校及其教师在对“计算思维到底是什么?”的概念认知与理解、教学的设计与实施等方面存在不同程度的认识问题，从而导致计算思维教育“落地”时，做法各异，偏差较大。

本节仅就几个典型的认知问题展开讨论。

一、计算思维与思维科学

【现象与观点】

2010年后，当“计算思维”像春风一样，在国内各地会议频频出现的时候，人们对计算思维的理解和看法各异，出现了不少论调，典型地：

- 与逻辑思维、形象思维等相比较，计算思维是一种新的思维形式。
- 脑科学还没有搞清楚思维的机制，现在研讨计算思维有点为时过早。
- 钱学森先生在思维科学方面研究了很长时间，虽然出了很多成果，但也碰到了很多困难，计算思维到底该怎么弄?
- “计算思维”不过是一个哗众取宠的噱头，兔子尾巴长不了!

【质疑与商榷】

不少人把“计算思维”看成是一种新的“思维形式”，研究其思维形式、思维逻辑、思维表征、思维载体、思维机制等，甚至与“思维科学”牵扯起来，并由此认为计算思维教育空泛。这是明显的“望文生义”的、不正确的认知。

之所以产生这样的认知错误，跟“计算思维”这个名词有关。周以真教授提出的“计算思维”，英文词汇是“computational thinking”，国内学者王飞跃先生把它翻译成“计算思维”本无可厚非，甚至可以说非常完美。但遗憾的是，国内很多人把“计算思维”看成是“计算+思维”，然后就“计算”和“思维”分别展开联想和讨论，或研讨“计算”与“思维”之间的渊源和关系。然后，就“计算”联想到计算理论、计算方法、计算技术等；就“思维”扯到思维形式、思维规律乃至思维表征、思维载体、思维机制、思维科学等。

导致如此明显的认知差错是令人非常遗憾的，这不免让人想起《中医基础理论》中把“肺主气”之“气”解释成“一身之气和呼吸之气”，而《内经》实际上说的是“肺者，气之本”。《素问·六节藏象论》里黄帝问岐伯：“愿闻何谓气?”岐伯曰：“五日谓之候，三候谓之气，六气谓之时，四时谓之岁，而各从其主治焉。”这才是中医天人合一整体观念的重要内涵。

【结论】

计算思维与思维科学没有关系。

我们知道，“thinking”可以翻译成“思维”，也可以翻译成“思想”。我们不能只关注到“计算思维”这一词中有“思维”二字，就开始“望文生义”或“断章取义”了。

我们必须认识到“计算思维”探讨的既不是特定的“计算方法”或“计算机科学”，又不是“思维”本身或“思维科学”，更不是“思维”的载体或宿主，而应该把“计算思维”看作一个专有名词，看成一种特定的、以“计算”为基础的求解问题的方法论。这就像生活中常说的“养病”“下馆子”“上厕所”一样，它们是一个专有名词，断不能把“养病”看成是把“病”“养”起来，而是指“好好休养，把病治好”的意思；同理，也不能把“下馆子”“上厕所”理解成“馆子”的位置较低、“厕所”的位置较高，它们仅仅表示一种行为而已。

针对“thinking”翻译成“思维”的理解问题，确实存在比较大的混乱。

一方面，我们必须肯定的是，王飞跃先生把“thinking”翻译成“思维”没有任何问题，问题出在大家的关注点和理解上。人们一看到“思维”这个词，脑子里立即展开了“联想”，引出了一大堆问题，如思维方法、思

维载体、思维活动、思维机制、思维科学等[1][2]，甚至抛出了很多质疑：脑科学还没有很好地揭示大脑的思维机制，谈何计算思维？大科学家钱学森研究了半辈子思维科学都没有彻底弄清楚一些问题，计算思维从何谈起？等等。以至于国内很多专门论述计算思维的文献，用很大的篇幅来讨论“思维”。典型地，如“思维活动的载体是语言和文字，不通过语言和文字表达出来的思维是无意义的。思维的表达方式必须遵循一定的格式，需要符合一定的语法和语义规则。只有符合语法和语义规则的表达才能被其他人理解。为了使别人相信自己的思维结论，必须采取合理的……思维的作用不仅是作为个人产生了对物质世界的理解和洞察，更重要的是思维活动促进了人类之间的交流，从而使人类获得了知识交流和传承的能力……”[3]。再如，“既然‘计算’已经升华为一种‘思维’，也必然具有其思维属性。所以把握和研究计算思维，必须从思维的计算学科特征和计算的思维属性两方面入手，而不能拘泥于某一个简单的定义[4]”等。这样的例子太多了，而且都是来自很重要的文献。究其原因，应该是把“计算思维”这么一个专有名词进行了拆分，似乎把“计算思维”看成了“计算＋思维”，并就“思维”二字“断章取义”“望文生义”了。

另一方面，正是由于人们把关注点和注意力放在“思维”上，在谈到计算思维教育时，又扯出了“思维教育”的理论、方法、逻辑和手段等，甚至认为“通过教学培养一种思维，这一点一直是存在争议的”，理由是“思维是空泛的”。我们知道的是，计算思维是一种富含思想、理论、方法和技术的问题求解的方法论，说得通俗一点，既有灵魂，又有血有肉、实实在在，一点也不空泛，跟“思维教育”恐怕风马牛不相及。

二、计算思维和计算机思维

【现象与观点】

计算机基础教学的从业者为数众多、队伍庞大，专业学术背景确实比较复杂。受教指委的引导和启发，大部分老师都先后接受并启动计算思维教育

---

① 张东生，郑文奎，谢苑，等．基于思维空间转换的计算思维教育［J］．计算机教育，2014（11）：2－6.

② 王荣良．计算思维教育［M］．上海：上海科技教育出版社，2014.

③ 李廉．计算思维：概念与挑战［J］．中国大学教学，2012（1）：7－12.

④ 史文崇．思维的计算特征与计算的思维属性［J］．计算机科学，2014，41（2）：11－14.

改革，一度出现了“百花齐放”的良好局面。但客观地说，不少人把“计算思维”理解成了“计算机思维”，典型地：

• 概念上，人们习惯性、想当然地把“计算思维”看成（说成）是“计算机思维”；

• 内涵上，人们拘囿于用计算机科学来理解计算思维，异化了计算思维的本质特征。

【质疑与商榷】

计算机思维与计算思维是两个不同的概念，前者应该叫“computer thinking”，后者是“computational thinking”，不能混为一谈。遗憾的是，很多人不加区分，张口就把“计算思维”说成了“计算机思维”。对应人们习惯性地、想当然地把“计算思维”看成或说成“计算机思维”，相对来说比较容易理解。一是计算思维与计算机有关，二是计算思维的名称“computational thinking”。对于前者，多半对计算思维的理解比较肤浅，这里不做展开；对于后者，大家造成的误解，其实前文中已经有相应的表述，那就是周以真教授为什么用“computational thinking”表述“计算思维”，而不是“computing thinking”或“computer thinking”？我们理解的是，“computational thinking”强调的是“人”的思维，“computer thinking”强调的是“计算机”的思维，而“computing thinking”恐怕更侧重于计算理论和技术，何况“computing”还有另一个特定的含义，就是“计算学科”。因此，认真理解这三者的本质区别，对于把握什么是计算思维还是很重要的。

实事求是地说，概念上的误解很容易校正，内涵上的误解就很不容易校正了。如果不区别“计算思维”与“计算机思维”，就会导致理解上的混乱。典型地，有文献指出①：“计算思维的抽象化不仅表现为研究对象的形式化表示，也隐含这种表示应具备有限性、程序性和机械性。有些文章也把形式化、程序化和机械化作为计算思维的特征……计算思维是人类科学思维中，以抽象化和自动化，或者说以形式化、程序化和机械化为特征的思维形式……计算思维的标志是有限性、确定性和机械性。因此，计算思维表达结论的方式必须是一种有限的形式，（回想一下，数学中表示一个极限经常用一种潜无限的方式，这种方式在计算思维中是不允许的）；而且语义必须是确定的，在理解上不会出现因人而异、因环境而异的歧义性；同时，必须是

---

① 李廉．计算思维：概念与挑战［J］．中国大学教学，2012（1）：7－12.

一种机械的方式，可以通过机械的步骤来实现。”这种观点显然是不正确的，之所以出现这样错误的认识，根本原因就在于认知域仅仅拘囿于计算机科学，而计算机科学的核心理论都是建立在图灵机基础之上的。大家都知道，图灵意义下的计算机思维的特征才是有限性、形式化、程序化、机械化，因此，用图灵意义下的计算机思维表述计算思维的特征就存在问题了。因此，把上述这段文字中的“计算思维”改成“计算机思维”就非常确切了。

其实，周以真教授在谈到计算思维是什么、不是什么时，非常明确地指出①：计算思维是“概念化，不是程序化（conceptualizing，not programming)”、计算思维是“人的，不是计算机的思维（a way that humans，not computers，think)”。既然计算思维是人的思维，不是计算机的思维，那么计算思维就不太可能具有“有限性、形式化、程序化、机械化”等特征。

再换一个角度看，如果计算思维具有严格意义下的形式化特征，那么不经过非常专业化的学习和训练，就不太可能让人掌握，计算思维也就无法面向“所有的人，所有的领域（for everyone，everywhere)”了，哪又如何在大学面向所有的大学生开展计算思维教育呢？更不用谈从中小学开始普及计算思维教育了。

【认知结论】

计算思维并非计算机思维。我们必须要明白的是，计算思维确实与“计算机”有关，但这里的“计算机”是一个广义的“计算机”，它既可以是现实意义的物理机器，又可以是“人”，或者是“人”与“机器”的“混合体”，更多的是指“人”。也就是说，计算思维更多地是指人的“思维”。我们知道，人的思维充满着灵感和想象力，既擅长逻辑演绎，又擅长归纳总结，还具有自由、发散、跳跃、模糊等特点；计算机思维呢？我们知道，图灵意义下的计算机的理论模型，非常准确地刻画了计算机思维的特点，那就是机械、精确、收敛等。

显然，计算思维与计算机思维具有巨大的差异，也许正确的说法是：计算思维不是计算机思维，但包含计算机思维。如果从抽象层次的角度来看，计算思维属于“道”，计算机思维属于“术”。

---

① Jeannette M W. Computational thinking [J]. Communications of the ACM, 2006, 49 (3): 33－35.

三、计算思维与计算机科学基础概念

【现象与观点】

谈及这个问题的根源还是大家对周以真教授所界定的计算思维的定义理解。正如前文所述，在周以真教授给定的定义中，即“Computational thinking involves…by drawing on the concepts fundamental to computer science”，名词短语“the concepts fundamental to computer science”被翻译成了“计算机科学的基础概念”，由此导致了非常片面的理解。典型地：

- 计算思维建立在计算机科学基础概念之上；
- 计算思维教育等价于计算机科学基础概念教育；
- 凝练计算机科学基础概念成了计算思维教育的核心工作，从而诞生“12 概念说”和“25 概念说”等；

……

【质疑与商榷】

毫无疑问，造成误解的根源还是对周以真教授所给出定义的解读，具体地说，把名词短语“the concepts fundamental to computer science”翻译成了“计算机科学的基础概念”，恐怕不一定准确。试想，如果周以真教授真想表达“计算机科学的基础概念”，采用“the fundamental concepts of computer science”应该更准确明了。那么为什么不是后者呢？难道仅仅是文法和修辞方面的考虑吗？对此，我们请教了国内外好几个外语专家和教授，得到的答案是二者是有差别的。名词短语“the concepts fundamental to computer science”应该翻译成“计算机科学中那些至关重要的概念”，不是一般意义的基础概念。这是问题的一个方面。

问题的另一个方面，大家一看到“基础概念”，立刻就认为是现行计算机或计算机系统的基础概念了。关注一下国内计算思维教学内容，不难发现绝大多数学校都在教授计算机科学中的基础概念，如计算机系统的组成及计算机网络、操作系统、数据库、信息安全、算法与程序等方面的基本概念。似乎“计算思维”就是这一大堆基本概念的“集合”，显然这是不准确的。首先，计算思维肯定与计算学科的一些重要的概念有关，但并不是等价，而是建立在这些“概念”的基础之上；其次，即便与一些基础概念有关，那也绝不仅仅拘囿于当下的、狭义的电子计算机科学与技术领域，而是“广义的”；最后，这种普及基础知识的教学内容与计算思维教育应该不是一回

事，否则实在没有必要探讨计算思维教学改革了，早已存在且比较成熟的计算机软硬件技术基础类的课程就足以囊括这一切了。

其实，周以真教授所指的“基础概念”是：约简、嵌入、转化、仿真、递归、并行、抽象、分解、建模、预防、保护、恢复、冗余、容错、纠错、启发式推理、规划、学习、调度等，这些“概念”并非大家所理解的、泛泛的“基础概念”，它们侧重于“问题求解”，明显属于“方法论”层面，而非“原理”层面。

那么，除了以上周以真教授明确指定的“概念”外，还有哪些“概念”与计算思维紧密相关呢？周以真教授没有明确给出，也是希望人们对这些基础概念继续进行补充。对此，国内除有学者给出了零散的叙述外①，还有学者以怀疑的态度提及九校联盟的两种截然不同的观点②，在某高校计算思维培养研究专题网站发布的问卷调查结果也折射出这两种观点③：一是“12 概念说”，认为包括绑定、大问题的复杂性、概念和形式模型、一致性和完备性、效率、演化、抽象层次、按空间排序、按时间排序、重用、安全性、折中和结论；二是“25 概念说”，认为包括计算、通信、协作、记忆、自动化、评价、设计、约简、嵌入、转化、仿真、递归、并行、抽象、分解、保护、冗余、容错、纠错、系统恢复、启发式、规划、学习、调度、折中。

稍作分析即可发现，“12 概念说”源自美国 ACM、IEEE 学会推出的计算学科课程体系“Computing Curricula 1991”（CC1991）；而“25 概念说”的前 7 个概念源自美国计算机科学家、ACM 前主席 Peter Denning 的“伟大的计算原理”，后 18 个明显是从周以真教授原文筛选而来，毫无增减。

显然，“12 概念说”与周以真教授给出的基础概念有些是重合的，如“建模”。尽管有重合，但考虑问题的出发点不在一个层面。前者侧重“原理”，后者侧重“方法”。另外，周以真教授所界定的计算思维是一个更广义的“计算思维”，而不是局限在“计算机科学”的范畴，而 CC1991 很显然仅指“计算机科学”；12 个核心概念强调的是计算机科学专业教育应该重点关注的核心问题，而不是计算思维教育应该关心的核心概念，专业教育与普惠的通识教育还是有根本区别的，不可能要求“所有的人”去掌握“绑

---

① 李廉．计算思维：概念与挑战［J］．中国大学教学，2012（1）：7－12.

② 谭浩强．研究计算思维，坚持面向应用［J］．计算机教育，2012，6（21）：45－50.

③ 西安交通大学计算机教学实验中心．国家级精品课《大学计算机基础》问卷调查统计数据［EB/OL］．［2012－05－17］．http://computer.xjtu.edu.cn/dcwj_1.htm.

定、概念和形式模型、一致性和完备性”等深奥的概念。况且，那12个核心概念还是IEEE-CS和ACM于1885年立项研究、1991年正式发布的结果①。30年过去了，未必没有变化。

至于“25概念说”，道理也差不多，不再赘述了。

【认知结论】

计算思维是一种问题求解的方法论，它建立在计算学科一些至关重要的核心概念之上，这些核心概念与原理无关，与问题求解的思想、方法有关。

计算思维所涉及的核心概念也不是一成不变的，随着计算学科的发展，自然也会增加新的“概念”。

进一步说，计算思维教育绝非泛泛地讲授一大堆计算机科学的基本概念，而是讲授一些关键性的概念，从中获取灵感和启发，借之更好地求解更广义的、客观世界的一些问题。

四、计算思维的狭义性与广义性问题

【观点与问题】

从已有的文献看，大家基本上都是从狭义的角度在探讨计算思维及其教育，典型的观点和看法有：

- 具体影响人的思维，计算机作为一种高级工具更是如此，所以计算思维教育的本质就是让大家熟练地掌握计算机的基本操作和应用；
- 算法或程序设计体现了计算机应用的基本特征，因此，计算思维的核心是算法思维或程序思维；
- 计算思维与计算有关，独具魅力的计算机科学自然就成为计算思维的核心；
- 大众所接触的电子计算机及其应用代表了计算思维的一切；

……

【质疑与商榷】

计算思维确实建立在“计算”之上，这是毋庸置疑的。与“计算”相

① 1985年，ACM和IEEE-CS组成联合攻关小组，开始了对“计算作为一门学科”的存在性证明。1989年1月，该小组提交了《计算作为一门学科》（Computing as a discipline）报告。第一次给出计算学科一个透彻的定义，回答了计算学科中长期以来一直争论的一些问题，完成了计算学科的存在性证明，还提出了未来计算科学教育必须解决的两个重大问题——整个学科核心课程详细设计及整个学科综述性导引课程的构建。1991年，在这个报告的基础上提交了关于计算学科教学计划CC1991。2001年12月，又有了CC2001报告。2013年，又提交了最终的CC2013版。

关联的计算思想、计算理论、计算方法、计算工具等构成了一个庞大的计算学科，计算机只是计算工具之一，而电子计算机又只是计算机大家族中的一员，这样的基本关系大家应该是清楚的。

确实，周以真教授在2006年界定计算思维时，论域限定在计算机科学（computer science），但2008年时她把论域扩展到了计算学科（computing），并专门以注解的形式给出了“computing”所涉及的范围，即“By ‘computing’ I mean very broadly the field encompassing computer science, computer engineering, communications, information science and information technology.”也就是说，她所指的计算学科比较广，涵盖了计算机科学、计算机工程、通信、信息科学与信息技术。Denning也明确指出，到20世纪80年代，计算学科是由一个相关领域的综合体所构成的，其中包括计算机科学、信息科学、计算科学、计算机工程学、软件工程学、信息系统和信息科学。以至于到20世纪90年代，“计算学科”已成为这些核心学科群的标准代称（“By the 1980s computing comprised a complex of related fields, including computer science, informatics, computational science, computer engineering, software engineering, information systems and information technology. By 1990 the term computing had become the standard for referring to this core group of disciplines”）。可见，计算思维的论域“computing”本身是广义的，而不是狭义的计算机科学。

即便计算思维与计算机紧密相关，但计算思维意义下的“计算机”既可以是一台机器，又可以是一个“人”，或者是人与机器相结合的产物。即便是物理意义的计算机（physical device），也并不仅仅是今天大家所熟知的机械或电子计算机，还包括将来会出现的纳米计算机、量子计算机、生物计算机（如DNA和分子计算机）等。这是周以真教授明确指出的，她的原话是这样的：“The most obvious kind of computer is a machine, i. e. a physical device with processing, storage and communication capabilities. Yes, a computer could be a machine, but more subtly it could be a human. Humans process information; humans compute. In other words, computational thinking does not require a machine.”并以注解的形式指出：“The obvious physical devices are the mechanical or electrical of today. I also mean to include the physical devices of tomorrow, e. g. nano and quantum computers; and even the biological devices of tomorrow, e. g. organic, DNA and molecular computers, as well.”可见，“计算机”

这一概念的本身也是广义的。

让我们再次关注周以真教授给计算思维下的定义，先看 2006 年的版本，它是这么表述的："Computational thinking involves solving problems，designing systems，and understanding human behavior，by drawing on the concepts fundamental to computer science." 再看 2008 年的版本，它是这么表述的："Computational thinking is taking an approach to solving problems，designing systems and understanding human behavior that draws on concepts fundamental to computing"。请注意下划线部分的描述，在谈到计算思维的目的时，前后完全一样，都是指"求解问题、设计系统和理解人类的行为"。如果我们仔细观察，应该会发现，在名词"problems""systems"和"human behavior"前没有任何限定词，也就是说，定义里并没有限定求解什么样的问题、设计什么样的系统，以及理解人类的什么行为。可见，计算思维的目的也不是狭义的，而是广义的。例如，"设计系统"既可以是设计一个"计算机应用系统"，又可以是设计一个与"计算机"无关的系统。

最后，我们要强调的是，周以真教授特别强调，计算思维是"面向所有的人，所有的领域"（for everyone，everywhere），一个能面向所有人、所有领域的"概念"或"方法"，自然也就是"广义的"，不太可能是狭义的。

【认知结论】

认真研究周以真教授所讨论的计算思维，不难理解，计算思维是"广义的"，而不是"狭义的"。确切地说，计算思维是一种广义的、以"计算"为基础的问题求解的方法论。

进一步说，作为广义的、建立在计算学科基础上的计算思维，可以与计算机无关，甚至可以与"计算"无关。是的，计算思维更多的是借助于计算学科成功的、有效的、智慧的思想和方法来求解问题，这是大家必须明白的。

因此，计算思维教育从某种意义上来说属于"传道"的范畴，而非一般意义下的"授业"，如传授简单的知识或培养基本的技能。

五、计算思维不是"原理或技术"，而是一种"方法论"

【观点】

自从周以真教授提出并论述"计算思维"以来，国内学术界给予了极大的关注及热烈的讨论，给出了各种理解和认知，"百家争鸣"的背后也确实隐藏着认知方面的问题，从面世的各种教科书来看，大都把"计算思维"

理解成：

- 计算思维就是各类流行软件的应用；
- 计算思维就是计算机科学与技术的一些基础概念；
- 计算思维就是程序或算法设计思维；
- 计算思维就是软件开发过程（软件过程方法）；
- 计算思维就是计算机科学原理；

……

【质疑与商榷】

我们知道，在谈到什么是计算思维、什么不是计算思维时，周以真教授特别明确地指出，计算思维是思想、方法，不是人造品（ideas，not artifacts），这就从根本上肯定了传授各类流行软件应用技能的教育教学不属于计算思维教育的范畴。因为计算机软硬件系统本质上都是人造品，尽管这种"人造品"蕴含着丰富的思想和智慧，但仅仅从工具层面上来说，把它的简单应用与计算思维联系在一起实在太牵强附会了。

如果我们的注意力完全拘囿于具体的计算机器（machine），自然就会把计算思维与计算机科学与技术紧密地联系在一起，而事实上，计算思维跟物理意义的计算机器没有太大关系，正如周以真教授指出的："Computational thinking does not require a machine."进一步说，计算思维的能力比物理意义的计算机器更强大，更有意义，因为计算思维属于精神或方法论层面的"工具"，借助于物理意义的计算机器（工具），其能力得到了进一步的强化。这一点周以真教授说得也很明确，她的原话是"Computational thinking can offer more than this simple use of mechanical computers"，以及"The power of our 'mental' tools is amplified by the power of our 'metal' tools"。

前面我们花了很大篇幅讨论计算思维的抽象性，这里不再赘述。既然计算思维是抽象的，当然就不是具体的技术和产品了。那么，计算思维与计算机科学原理乃至计算学科的"伟大原理"有什么关系呢？确切地说，没有什么太大的关系，原因有二：一是服务面向和目标不同，计算思维面向所有的人、所有的领域，而计算机科学乃至计算学科的原理面向的是专业人士。二是抽象层次不一样，计算思维是方法论层面的抽象，具有较好的普适性，抽象层次相对较高；而计算机科学或者计算学科的原理则是理论和技术层面的抽象，逻辑严谨，相对来说，抽象层次较低。

特别值得说明的是，周以真教授在2008年给出的定义中，很明确地指出计算思维是一种方法或途径。她是这么界定的①：“Computational thinking is taking an approach to solving problems, designing systems and understanding human behavior that draws on concepts fundamental to computing.”不难看出，周以真教授本人对计算思维的思考、认知和定义，也随着时间的推移在不断地“迭代”和完善，这是我们应该看到的。

【认知结论】

概括地说，计算思维就是一种方法论，它是以“计算”为基础的，或者说是建立在计算学科基础之上的，但并不依赖“计算”或“计算机”，而是借鉴“计算”或“计算学科”的智慧、思想和方法，应用于领域广泛的、客观世界的问题求解，并非计算机科学的基本概念或计算机应用能力。

站在方法论层面理解计算思维不仅正确，也才有可能“面向所有的人、所有的领域”，这样才更有价值和意义。

显然，正确认识计算思维的本质，是做好计算思维教育的前提。

第5节　不同认知观察尺度下的“计算思维”

人类任何认知思想的结果，其实不见得是哪个天才突然一拍脑门想出来的，而很可能是观察世界的尺度不同带来的一个必然结果。

一个刚刚摆脱蒙昧的村落人，他观察天地和大自然，得出的结论也就是盖天说，即天是圆的，像一个大锅盖盖在地上，地是平的，叫天圆地方，这一点也不奇怪。因此，在农耕时代，所有人都笃信“地心说”，认为地球是宇宙的中心，所有的星辰都围绕地球转动，并坚定地认为这才是绝对准确的认知体系，所有人的生活方式都受这一认知思想体系的影响。托勒密甚至为“地心说”提出了一个极为周密的数学模型。但是，如果把观察尺度继续拉大，让我们站在太阳系的尺度上再来看这个天地关系，比如说古希腊著名的哲学家亚里士多德，他在观察月食的时候就发现，是太阳把地球的影子打在月亮上，于是就观察到，原来地球是圆的，地球不是平的。所以，认知观察尺度一大，结论立即就会发生变化。

到了哥白尼的时代，他开始怀疑“地心说”，而且在没有任何实证经验

---

① Jeannette M W. Computational thinking and thinking about computing [J]. Philosophical Transactions, 2008 (366): 3717-3725.

及任何可观测数据的基础上开始怀疑。自此，人们开始认识到太阳才是宇宙的中心，而不是地球。哥白尼的怀疑太伟大了，它意味着人类第一次把自己的“观测”从我们身处的地球环境拉伸到了外太空。因此，有人说哥白尼是科学时代的真正开拓者、第一个奠基者，因为他打破了原有的思想体系。

但是，哥白尼的认知体系很快也崩溃了，因为站在银河系这个尺度上，太阳也不是中心。我们现在都知道，对整个宇宙来说，银河系也不是中心！

自从周以真教授提出计算思维以来，国内外很多同仁都在研究、探讨计算思维及其教育。但客观地说，什么是计算思维，似乎存在着认知上的较大差异。仔细分析可发现，这些差异其实就是或者很可能是由于认知观察的尺度不同造成的。

面对整个计算学科，从微观到宏观层面来看，根据人们认知观察尺度的不同，按从小到大划分，大致可分为以下几大类：工具、算法或程序、计算机科学、计算学科及科学方法论，如图 1-7 所示。不同的认知观察尺度，得出的认知结论自然就不一样，从而导致对计算思维教育的理解也有了显著的差异。下面分别就此予以分析和讨论，如表 1-1 所示。

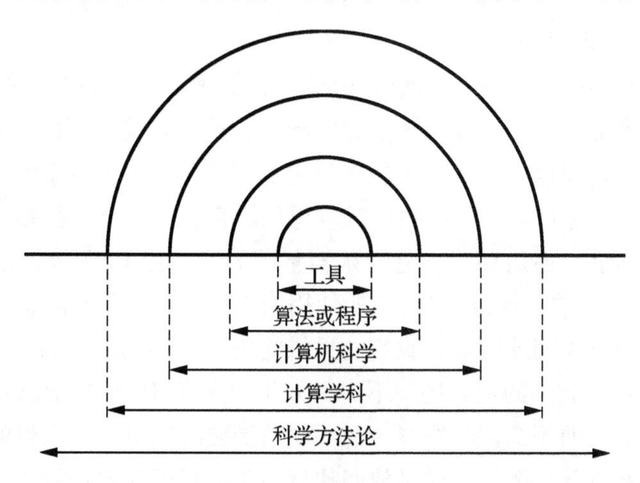

图 1-7 认知观察的尺度

表 1-1 认知观察尺度对计算思维教育的影响

认知观察尺度	主要教学内容	核心理念	问题
工具	Windows、Office 等技能	应用技能	功利意义下的、机械的技能教育

续表

认知观察尺度	主要教学内容	核心理念	问题
算法或程序	软件或程序设计技术	软件开发或程序设计	局限于高级程序员或程序员的教育
计算机科学	计算机科学通识	基本概念	浓缩+拼盘
计算学科	广义的计算学科的通识教育	“伟大的计算原理”	范围较大，但庞大的知识体系、松散的概念堆砌难以让人理解
科学方法论	经典创新创意案例集及其方法论	“idea”	教师面临巨大的挑战

一、“工具”层面上的计算思维

认知者的观察尺度较小，其认知思想体系就是把计算机软硬件看作一种可提供计算服务的“工具”，只要掌握了这些“工具”的应用（技术或技巧层面的应用），即可为人们的学习、研究、生活乃至工作服务。

这种认知层面的“计算思维”曾经大行其道，几乎每个高校的大学计算机基础教育都是按照这种认知思想实施的，这也就是所谓的“唯工具论”教育。那么，人们也许会问，这也叫计算思维教育吗？从某种意义上来说，算也未尝不可。之所以认同这也是计算思维教育，甚至至今很多人仍停留在这个认知层面上，还是存在一定的认知基础的。早在 1972 年，图灵奖得主 Edsger Dijkstra 就曾经说过：“我们所使用的工具影响着我们的思维方式和思维习惯，从而也深刻地影响着我们的思维能力。”这就是著名的“工具影响思维”的论点。类似的观点还有不少，如化学家 H. Davy 曾指出：没有什么比应用工具更有助于知识的发展。在不同的历史时期，人们取得的业绩与其说是天赋智能所致，倒不如说是他们拥有的工具特征和软资源所致。这些都应该是这种认知思想及其教育的理论依据。

从哲学角度来看，这个层次上的认知体系关注的是具体的计算工具及其使用，应该属于“形而下”，属于“器”的范畴。

二、“算法或程序”层面上的计算思维

20 世纪 60 年代，大多数科学家认为使用计算机仅仅是编程的问题，不

需要做任何科学的思考。也就是说，利用计算机求解问题，本质上都要映射成某种算法或程序。算法或程序确实蕴含着特定的逻辑或思维内涵，依据这种认知观察尺度，自然就会把算法思维或者程序思维看成是计算思维。所以就有了大量的基于某种程序设计语言的计算思维教育的文献面世了。

我们不否认算法思维或者程序思维确实属于一种特定的、狭义的计算思维，甚至在某种程度上还显得非常典型。但拘泥于具体的算法技巧或者语法规则，那就不是计算思维了。例如，“枚举”算法，大规模的枚举是反人性的，但却非常适合计算机求解问题；再如，“递归”算法，当递归嵌套层次变多，人类自身是难以应对的，但对计算机来说，效率却非常高。

由于认知观察尺度不够宽，这一层次上的计算思维在内涵和外延上都有其固有的局限性，如在系统设计、理解人类行为等方面，就存在明显的不足。实际上，周以真教授特别指出计算思维是抽象的、人的“思维”，而非人造的软硬件产品。因此，我们认为算法背后所隐藏的思想和方法才是计算思维的本质和内涵，而算法本身，特别是与之对应的程序则带有较浓的计算机思维的色彩了。计算思维与计算机思维显然不是同一个概念。为更好地理解算法、程序与计算思维、计算机思维的关系，我们不妨用图 1-8 来表述它们之间的关系。

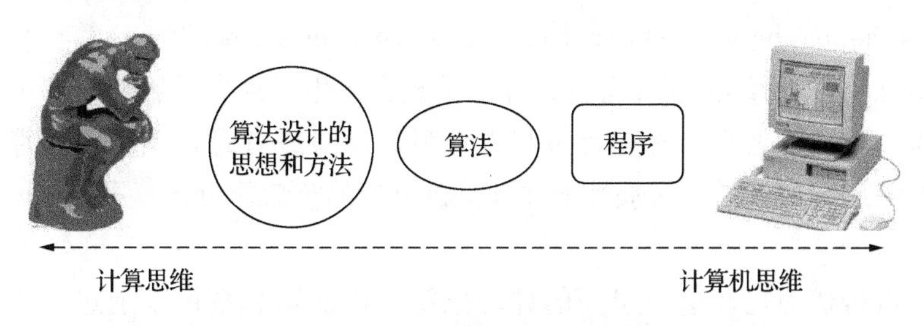

图 1-8　算法、程序与计算思维、计算机思维的关系

三、“计算机科学”层面上的计算思维

这一层面的“计算思维”立足于整个计算机科学，也就是按照计算机科学的基础概念及其基本理论和方法，探讨如何“求解问题、设计系统，乃至理解人类的行为”。

目前，国内外绝大多数学者都是在这一层面来理解计算思维，并以此进行计算思维教育及其教学改革的。具体做法上，可分为两大类：一类是按

“面”展开，把计算机科学中的核心内容，如计算机组成、操作系统、数据结构与算法、数据库、计算机网络、软件工程甚至信息安全等，浓缩成一个个知识单元（对应于教材中的每一章），为学生提供比较“完备”的计算机科学基础概念；另一类就是按“线”拓展，围绕问题求解、软件开发的过程组织教学内容。典型地，有人指出计算思维教育就是[①]：“以解决科学问题为导向，按照问题求解过程表述教学内容并实施教学，内容涉及科学问题的描述方法（即抽象与建模）、模型形式化数据描述（即数据及其结构）、模型计算机描述（即算法）、算法的实现（即程序设计思想）、问题求解的效率（即算法的优化与并行）、问题求解的工程思维（即软件工程思想）、问题求解的交互（人机处理）等方面。通过系列案例建模、典型算法设计，帮助学生掌握使用计算机技术解决科学问题的途径与基本方法。”

造成这一认知思想体系的原因也不难分析，大致分为两个方面：一是周以真教授在 2006 年首次阐述“计算思维”本质内涵时指出：“Computational thinking involves solving problems，designing systems，and understanding human behavior，by drawing on the concepts fundamental to computer science. Computational thinking includes a range of mental tools that reflect the breadth of the field of computer science.”在这里，周以真教授明确强调的是“by drawing on the concepts fundamental to computer science”（计算机科学的基础概念），对后续的研究者及计算思维教育产生了巨大的影响；二是“计算思维”的研究者多半都是计算机专业科班出身或者是长期从事计算机科学与技术研究或教学，习惯性地在计算机科学的范畴研讨计算思维的内涵和外延。

不可否认的是，这一层面的计算思维，在认知观察尺度上进一步扩大了，内涵自然也就更丰富了，但外延方面仍然存在较大的局限性，因为它受到了现有计算机科学思想理论与技术的束缚。另外，按“面”展开的教学内容，更像早已面世的、“浓缩 + 拼盘”的“计算机软硬件技术基础”，实在看不出多少“新意”；而按“线”拓展的教学内容，几乎是软件工程专业的“缩影”，以此作为计算思维教育，如何面向“所有的人”，值得商榷。

---

① 广西计算机年会暨广西高校计算机学院院长联谊会特邀报告［R］. 广西梧州，2015.

四、“计算学科”层面上的计算思维

如果进一步扩大认知观察的尺度，站在计算学科的层面来探讨计算思维，则其内涵和外延就更不一样了。

20世纪70—80年代，计算技术得到了迅猛发展，并开始渗透到许多学科领域。1985年春，ACM和IEEE-CS联手组成攻关组，开始了“计算作为一门学科”的存在性证明。经过近4年的工作，攻关组提交了《计算作为一门学科》报告，刊登在1989年1月的《Communications of ACM》杂志上。报告论证了计算作为一门学科的事实，回答了计算学科中长期以来一直争论的一些问题，并将当时的计算机科学、计算机工程、计算机科学与工程、计算机信息学及其他类似名称的专业和研究范畴统称为计算学科。为此，ACM和IEEE每隔几年就会推出一份计算机专业的指导性的教学计划，确实具有相当的权威性。也基于此，2008年10月，中国高等学校计算机教育委员会在桂林召开了一次关于“计算思维与计算机导论”的专题研讨会，探讨了科学思维与科学方法在计算机学科教学创新中的作用。

2007年，ACM前主席Denning在详细论述计算学科这一概念的演化后，系统地总结了计算学科的七大类原理，即计算、通信、协作、记忆、自动化、评估和设计等。每个大类别都从“科学”的视角去看待计算学科本身，构建了一个理解计算学科内涵的框架，并公开发表了名为“The great principles of computing”（国内翻译成“伟大的计算原理”）的论文，产生了广泛的影响。

周以真教授也清楚地认识到了这一点，并于2008年撰文指出：“Computational thinking is taking an approach to solving problems, designing systems and understanding human behavior that draws on concepts fundamental to computing.”并特别以注解的方式标明：“By ‘computing’ I mean very broadly the field encompassing computer science, computer engineering, communications, information science and information technology.”显然，这一认知的观察尺度更宽了，它包括了计算机科学、计算机工程、通信、信息科学及信息工程。

教育部高等学校大学计算机课程教学指导委员会综合ACM和IEEE联合制定的CC1991、Denning的“伟大的计算原理”及周以真教授所倡导的计算机科学的基础概念，于2013年出台了《计算思维教学改革白皮书》，给出了计算思维的表述体系及理工类计算机基础教学知识体系。

但我们必须认识到，ACM 和 IEEE 就“计算作为一门学科”提出的系列报告，针对的是计算机专业教学，而非大学计算机基础教学。而 Denning 所倡导的“伟大的计算原理”是站在“科学”而非“技术”的角度探讨“计算学科”，并非周以真教授所指的“计算思维”，在“计算、通信、协作、记忆、自动化、评估和设计”中加入“抽象”作为“计算思维”的表述体系很值得商榷，因为“抽象”是一种手段或特征，而其他七大类都指的是“field”。

在这个认知层面讨论计算思维，显然观测点不可能是具体的理论和技术了，只能是学科的思想和方法，否则，庞大的知识体系足可以让大部分专业人士生畏，更别说让广大的人民群众如何接受了，更不可能从中小学开始推行计算思维教育了。

五、“科学方法论”层面上的计算思维

周以真教授在谈到什么是、什么不是计算思维时，指出计算思维面向所有的人、所有的领域。我们知道，要让不同领域的每一个人接受并应用计算思维，那它必须是抽象层次的东西，而且抽象层次肯定很高。因为抽象层次越高，覆盖面才可能越广。事实上，只有这个层面上的计算思维，才是真正意义的计算思维，才是周以真教授所指的计算思维。

何以见得呢？2008 年，周以真教授在论文《Computational thinking and thinking about computing》中，有这么一段“广义”的描述：“The power of our ‘mental’ tools is amplified by the power of our ‘metal’ tools. Computing is the automation of our abstractions... Automation implies the need for some kind of computer to interpret the abstractions. The most obvious kind of computer is a machine，i. e. a physical device with processing，storage and communication capabilities. Yes，a computer could be a machine，but more subtly it could be a human. Humans process information；humans compute. In other words，computational thinking does not require a machine.”

请注意，在这里，周以真教授已经在两个方面进行了“广义”的拓展：一是物理意义的计算机（physical device），并非仅仅意指大家现在所熟知的机械或电子计算机，而是这么解释的：“The obvious physical devices are the mechanical or electrical of today. I also mean to include the physical devices of tomorrow，e. g. nano and quantum computers；and even the biological devices of to-

morrow, e. g. organic, DNA and molecular computers, as well. ” 也就是说，周以真教授意指的物理意义的计算机不仅仅是今天大家所熟知的机械或电子计算机，还包括将来会出现的纳米计算机、量子计算机、生物计算机（如DNA和分子计算机）等；二是对计算机的概念进行了进一步拓展，即“a computer could be a machine, but more subtly it could be a human”，也就是“计算机”可以是一台机器，也很可能是一个“人”，甚至是人与机器相结合的产物，即“the combination of a human and a machine”。

不难看出，在这个层面研讨并认知计算思维，已经与具体的机器无关了，已经是在非常高的抽象层面讨论问题了。所以，周以真教授最后指出："computational thinking does not require a machine. ” 即计算思维并不依赖于具体的机器。确切地说，计算思维就是研讨通过“计算”到底能解决什么样的问题，以及如何求解这些问题，它是一种科学方法论。

正如美国华裔学者王士弘（Paul S. Wang）所指出的[①]：计算思维当然必须包括其他学科的思想和技术，以及人类文明的悠久历史，这有助于计算学科的发展、改进和突破。但是，计算机科学也产生了许多独特的概念、技术和解决问题的想法。计算学科已经产生了一个包括我们所有人在内的、称之为赛博空间的数字生态系统（“Computational thinking surely must include ideas and techniques, from other disciplines as well as the long history of human civilization, that contributed to the development, refinements, and breakthroughs in computing. ” 但是，“computer science has also generated many unique concepts, techniques, and problem solving ideas. Computing has given rise to a digital ecosystem, called cyberspace, that includes us all. ”）

古语云：“形而上者谓之道，形而下者谓之器。”在“科学方法论”层面认知的“计算思维”显然属于“道”的范畴，而在“工具”层面认知的“计算思维”显然属于“器”的范畴。从教育的角度来说，“道”与“器”可兼得，但“道”的意义显然更大，这是我们从事计算思维教育所必须认识到的！

正所谓“高度决定视野、角度改变观念、尺度把握人生、思路决定出路”。在这里，因为认知观察的尺度不同，认知的高度就有了较大差异，视野当然也不同了，最后所得出的结论自然也就不同了。因此，一个人在认知

① Wang P S. Computing computional thinking [M]. Florida: Chapman & Hall CRC Press, 2015.

模式上的升级比学习具体知识重要得多，否则，知识和信息再多也没有用。因为，在原有的认知体系之内很多东西是常识，而体系边界之外才是见识，见识比常识更重要。

第6节　理论思维、实证思维与计算思维

我们知道，科学思维（scientific thinking）是指理性认识及其过程，即经过感性阶段获取的大量材料通过整理和改造，形成概念、判断和推理，以便反映事物的本质和规律。简而言之，科学思维是大脑对科学信息的加工活动。

科学思维至少应涵盖三个方面的内容①：一是思维要与客观实际相符合。二是要求遵循形式逻辑的规律和规则，在此基础上向深度和广度发展。深度是指思维的深刻性，即对事物的本质和规律认识的深透程度；广度是指思维的广阔性，即认识领域的宽广程度。这就要整体性、动态性的思维，也就是辩证思维。三是要求思维具有创新性。

如果以科学思维的具体手段及其科学求解功能划分，科学思维可分为发散求解思维（求异思维、形象思维和直觉思维）、逻辑解析思维（类比思维、归纳思维和演绎思维）、哲理思辨思维（次协调思维、系统思维和辩证思维）、理论建构与评价思维等。

如果从人类认识世界和改造世界的思维方式出发，科学思维又可分为理论思维、实证思维和计算思维3种。

一、理论思维

理论思维（theoretical thinking）又称逻辑思维，是指通过抽象概括，建立描述事物本质的概念，应用科学的方法探寻概念之间联系的一种思维方法。它是以推理和演绎为特征，以数学学科为代表。理论源于数学，理论思维支撑着所有的学科领域。在理论思维中，定义是理论思维的灵魂，定理和证明是理论思维的精髓，公理化方法是最重要的理论思维方法②。

---

① 教育部高等学校大学计算机课程教学指导委员会．计算思维教学改革白皮书（征求意见稿）[Z].哈尔滨，2013年7月．

② 陈国良．计算思维导论［M].北京：高等教育出版社，2012.

为了更好地理解理论思维，不妨看一个非常简单的例子。回忆中学数学里面我们学习平面几何时，老师经常要大家做证明题。我们在做平面几何证明题时，就是从已知条件出发，根据公理和定理，设法推出所需要的结论，如图 1–9 所示①。

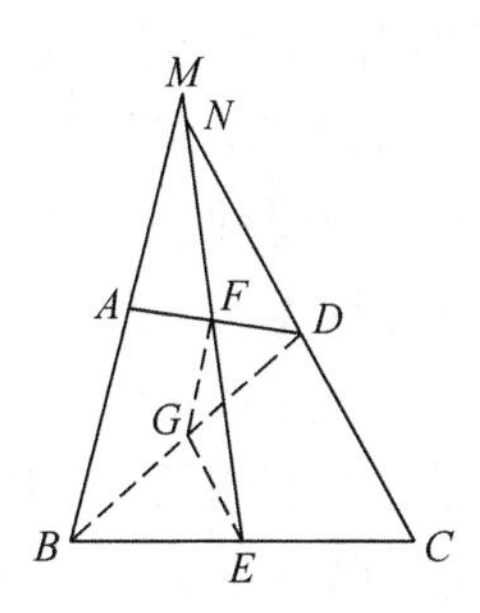

已知在四边形$ABCD$中，$AB=CD$，E、F分别为BC、AD的中点，BA及EF的延长线交于M，CD及EF的延长线交于N，求证：$\angle AME=\angle DNE$。

证明：做辅助线：连接BD，取BD的中点G，连接EG、FG。
∵ E、G分别是BC、BD的中点
∴ EG平行CD
　$EG=CD/2$（三角形中位线定理）
∴ $\angle GEM=\angle CNE$。
同理：$FG=AB/2$，$\angle GFE=\angle BME$。
∵ $AB=CD$
∴ $EG=FG$
∴ $\angle GEM=\angle GFE$
∴ $\angle BME=\angle CNE$
即 $\angle AME=\angle DNE$。

图 1–9　数学证明过程

例子虽然简单，但体现出了理论思维的基本特点。

二、实证思维

实证思维（experimental thinking）又称实验思维，是通过观察和实验获取自然规律法则的一种思维方法。它是以观察和归纳自然规律为特征，以物理学科为代表。与理论思维不同，实证思维往往需要借助某种特定的设备，并使用它们来获取数据，以便进行分析②。实证思维的先驱是意大利科学家伽利略，他被人们誉为“近代科学之父”。

实证思维的例子很多，我们不妨以美国科学家罗伯特·密立根为例，看看他是怎么做的、怎么说的③。

我们知道，很早以前科学家就在研究电。人们知道这种无形的物质可以从天上的闪电中得到，也可以通过摩擦头发得到。1897 年，英国物理学家托马斯已经得知如何获取负电荷电流。1909 年，美国科学家罗伯特·密立

① 唐培和，徐奕奕．计算思维：计算学科导论［M］.北京：电子工业出版社，2015.

② 陈国良．计算思维导论［M］.北京：高等教育出版社，2012.

③ http：//www. 360doc. com/content/14/1112/09/20150593_424463820. shtml。

根（1868—1953年）开始测量电流的电荷。

密立根用一个香水瓶的喷头向一个透明的小盒子里喷油滴。小盒子的顶部和底部分别放有一个通正电和一个通负电的电极。当小油滴通过空气时，就带了一些静电，它们下落的速度可以通过改变电极的电压来控制。当去掉电场时，测量油滴在重力作用下的速度就可以得出油滴半径；加上电场后，可测出油滴在重力和电场共同作用下的速度，并由此测出油滴得到或失去电荷后的速度变化。这样，他可以一次连续几个小时测量油滴的速度变化，即使工作被打断，被电场平衡住的油滴经过一个多小时也不会跑多远。

经过反复试验，密立根得出结论：电荷的值是某个固定的常量，最小单位就是单个电子的带电量。他认为电子本身不是一个假想的和不确定的，而是一个“我们这一代人第一次看到的事实”。他在诺贝尔奖获奖的演说中强调了他的工作的两条基本结论，即“电子电荷总是元电荷的确定的整数倍”和“这一实验的观察者几乎可以认为是看到了电子”。

“科学是用理论和实验这两只脚前进的，”密立根在他的获奖演说中讲道，“有时这只脚先迈出一步，有时是另一只脚先迈出一步，但是前进要靠两只脚：先建立理论，然后做实验，或者是先在实验中得出了新的关系，然后在迈出理论这只脚，并推动实验前进，如此不断交替进行。”他用非常形象的比喻说明了理论和实验在科学发展中的作用。作为一名实验物理学家，他不但重视实验，也极为重视理论的指导作用。

三、计算思维

计算思维（computational thinking）又称构造思维，是指从具体的算法设计规范入手，通过算法过程的构造与实施来解决给定问题的一种思维方法。它是以设计和构造为特征，以计算学科为代表。计算思维就是思维过程或功能的计算模拟方法论，其研究的目的是提供适当的方法，使人们能借助于现代或将来的计算机，逐步实现人工智能的较高目标①。正如周以真教授所指出的，它是运用计算机科学的基础概念去求解问题、设计系统和理解人类行为的，涵盖了计算机科学之广度的一系列思维活动②。

---

① 陈国良．计算思维导论［M］．北京：高等教育出版社，2012.

② Jeannette M W. Computational thinking［J］. Communications of the ACM，2006，49（3）：33－35.

计算思维的详细描述是①：计算思维就是通过约简、嵌入、转化和仿真等方法，把一个看似困难的问题重新阐释为一个人们已知其解决方案的问题。计算思维是一种递归思维，是一种并行处理，既能把代码译成数据，又能把数据译成代码，是一种多维分析推广的类型检查方法。计算思维是一种采用抽象和分解来控制庞杂的任务或进行巨大、复杂系统设计的方法，是一种基于关注点分离的方法。计算思维是一种选择合适的方式去陈述一个问题，或对一个问题的相关方面建模并使其易于处理的思维方法。计算思维是按照预防、保护及通过冗余、容错和纠错方式，从最坏情况进行系统恢复的一种思维方法。计算思维是利用启发式推理寻求解答，即在不确定情况下的规划、学习和调度的思维方法。计算思维是利用海量数据来加快计算，在时间和空间之间、在处理能力和存储容量之间进行折中的思维方法。

描述了这么多，估计大家还是很难对计算思维建立一个比较直观的认识。下面举一个实际的例子，以帮助加深理解。

我们知道，传统计算定积分的一个简便的方法就是利用牛顿 - 莱布尼茨公式，但在很多实际问题中，被积函数可能难以用算式给出，有些函数的原函数不能用初等函数表达或者很难表达，这就给定积分的计算带来一定的困难，甚至会遇到“积不出来”的情况。利用传统数学手段解决不了定积分计算时，借助于计算思维机器计算机技术，可以用近似方法解决这一问题。

定积分$\int_a^b f(x)\,\mathrm{d}x$无论在实际问题中的意义是什么，在几何意义上都等于曲线$f(x)$、两条直线$x=a$、$x=b$与x轴所围成的曲边梯形的面积。因此，只要近似地算出相应的曲边梯形的面积，就得到了所给定积分的近似值。

我们可以根据定积分的定义：$\int_a^b f(x)\mathrm{d}x = \lim\limits_{n\to\infty}\sum\limits_{i=1}^{n} f(\xi_i)\Delta x_i, \xi_i \in [x_{i-1}, x_i]$，推算出定积分的近似值求解表达式：$\int_a^b f(x)\mathrm{d}x \approx \sum\limits_{i=1}^{n} f(\xi_i)\Delta x_i, \xi_i \in [x_{i-1}, x_i]$。

显然，n取值越大，得到的近似值越接近真实值，当然，与之相应的计算工作量就越大。传统的计算方法恐怕就难以应付了。要想快速计算出精度更高的结果，可把求解过程（即算法）程序化，然后让计算机来计算，即可快速获得满意的近似解。

---

① 陈国良．计算思维导论［M］．北京：高等教育出版社，2012.

根据 $\sum_{i=1}^{n} f(\xi_i)\Delta x_i$ 的计算精度与要求，可以采取矩形法、梯形法和抛物线法来求解。下面以矩形法为例进行介绍。

所谓矩形法，就是用一系列小矩形面积代替曲边梯形面积，我们把这个近似计算方法称为矩形法。不过，只有当积分区间被分割得很细时，矩形法才有一定的精确度，针对不同 ξ_i 的取法，计算结果也会有不同。具体过程大致如下：

分割：为计算方便，我们可以采取等分法。把区间［a，b］划分为 n 等分，即用分点 $a=x_0<x_1<x_2<\cdots<x_{n-1}<x_n=b$，把区间［$a$，$b$］分成 n 个长度相等的小区间，每个小区间的长度为 $\Delta x_i=\frac{b-a}{n}$。

取点与求和：点 $\xi_i\in[x_{i-1}, x_i]$ 可以任意选取，但是为了计算方便，可以选择一些特殊的点，如区间的左端点、右端点或者中点。下面以左点法为例进行说明（图 1–10）。

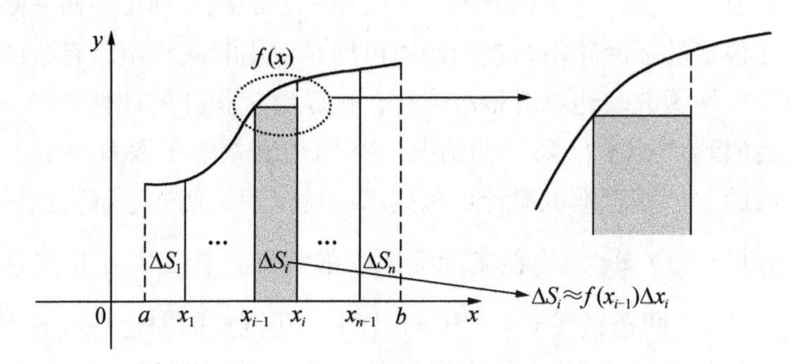

图 1–10　矩形法求定积分（左点法）

对等分区间 $a=x_0<x_1<\cdots<x_i=a+\frac{b-a}{n}i<\cdots<x_n=b$ 在区间［x_{i-1}，x_i］上取左端点，即取 $\xi_i=x_{i-1}$，从而对于任意一个确定的自然数 n，有：

$$\int_a^b f(x)\,\mathrm{d}x\approx\frac{b-a}{n}(f(x_0)+f(x_1)+\cdots+f(x_{n-1}))$$

以 $\int_0^1\frac{\mathrm{d}x}{1+x^2}$ 为例（取 $n=100$），采用左点法计算其定积分的近似值：

$$\int_0^1\frac{\mathrm{d}x}{1+x^2}\approx\frac{1-0}{100}(f(0)+f(0.01)+\cdots+f(0.99))\approx0.78789399673078$$

已知理论值$\int_0^1 \frac{dx}{1+x^2}=\frac{\pi}{4}$，此时，计算的相对误差：

$$=\left|\frac{0.78789399673078-\frac{\pi}{4}}{\frac{\pi}{4}}\right|\approx 0.003178$$

不难看出，如果 n 取值不大（如100），这种方法所得结果精确度不是很高；如果 n 取值足够大，则其所得结果精确度就会很高。

人们可能会进一步思考：如果在分割的每个小区间上采用一次或二次多项式（直线或抛物线）来近似代替被积函数，那么，可以期望得到比矩形法效果好得多的近似计算公式。的确如此，梯形法和抛物线法就是这一指导思想的产物。在此不做过多描述。

前面我们以$\int_0^1 \frac{dx}{1+x^2}$的近似计算为例，取 $n=100$ 时，分别用不同的算法计算出了近似值。如上所述，n 取值越大，得到的近似值越接近真实值，但是，与之相应的计算工作量就越大。要想快速计算出精确度更高的结果，依靠手工计算显然是不太现实，甚至不太可能了。我们可以将算法计算机化（即将算法转换成计算机能执行的程序），以便借助计算机来实现。

仍以定积分$\int_a^b f(x)\,dx$ 的近似计算为例，来看看如何在计算机中描述矩形法中的左点法这种算法：

步骤1:求$(b-a)/n$,将区间等分成 n 份。

步骤2:求$f(x_1)$的值。

步骤3:求$f(x_2)$的值。

……

步骤 $n-2$:求$f(x_n)$的值。

步骤 $n-1$:求$f(x_1)+f(x_2)+\cdots+f(x_n)$的和 $\sum_{i=1}^{n} f(x_i)$ 的值。

步骤 n:将步骤 $n-1$ 的结果乘以步骤 1 的结果,这个值就是最后的结果。

显然，这样的算法虽然是正确的，但太烦琐。如果 n 取值1000，则要书写1003个步骤，明显是不可取的，而且每次都要单独存储计算出来的值，也不方便。那么，我们是否能找到一种通用的表示方法呢？答案是肯定的。

我们知道，近似计算时，a、b、n 都是已知数，因此，我们可以只设置 4 个变量，分别用来存放 $(b-a)/n$、a、$f(x)$ 及 $f(x)$ 累加和。如设 h 存放 $(b-a)/n$ 的值，x 存放 a 的值，y 存放 $f(x)$ 的值，sum 存放 $f(x)$ 累加和及最终结果，用循环算法来求结果，可将算法改写如下：

步骤1：使 $h=(b-a)/n$。

步骤2：使 $x=a$。

步骤3：使 $sum=0$。

步骤4：使 $x+h$，和仍放在变量 x 中，可表示为：$x+h\Rightarrow x$。

步骤5：计算 $f(x)$，使 $y=f(x)$。

步骤6：使 $sum+y$，和仍放在 sum 中，可表示为：$sum+y\Rightarrow sum$。

步骤7：如果 $x<b$，返回重新执行步骤4 及其后的步骤5 和步骤6；否则执行步骤8。

步骤8：使 $sum\times h$，积仍放在 sum 中，算法结束。最后得到的 sum 的值就是 $\int_a^b f(x)\mathrm{d}x$ 的近似值。

显然，这个算法比前面列出的原始算法简练，只用 8 条语句就描述清楚了。这种方法表示的算法具有通用性、灵活性。步骤 4 到步骤 6 组成了一个循环，在实现算法时，要反复多次执行，直到某一时刻；执行步骤 7 时经过判断，当 $x\geqslant b$ 时，不再执行循环，转而执行完步骤 8，此时算法结束。

由于计算机是进行高速运算的自动机器，实现循环是轻而易举的，所有计算机高级程序设计语言都有循环语句，因此，上述算法不仅是正确的，而且是计算机能实现的较好的算法。

大家知道，算法可以理解为是定义好的计算过程，它是程序的灵魂，程序设计语言只是工具，设计好算法，就能轻松选择一种高级程序设计语言编程实现算法了。至于程序如何编写，这里不再展开。

随着计算机应用的普及，定积分的近似计算已经变得更为方便，现在已有很多现成的数学软件可用于定积分的近似计算，如 Matlab、Maple、Mathematica 等。我们发现，通过数学软件计算更简便，只需要输入几个命令和参数，其余的工作全部交给软件去做，即可马上得到结果。

以上只是计算思维的一个实例，确实有点“管中窥豹”，但通过它大家

至少可以对计算思维有一点直观的认识。

计算思维的本质是抽象和自动化。理论思维、实证思维和计算思维的一般过程都是对事实进行变换而得到结论，只不过这种变换方式不同，可以是推理和演绎、观察和归纳，也可以是设计和构造。计算思维与实证思维、理论思维三者的关系是相互补充、相互促进的。

计算思维相对于理论思维和实证思维，在工程技术领域具有独特的意义。也就是说，理论思维和实证思维表现于认识世界，而计算思维表现于改造世界，三种思维合在一起形成了人类认识世界和改造世界的强大工具。

古代很多精彩的工程或工艺未能保存下来，主要原因是对于工程或工艺的表达方式不规范，因此无法重现当时的思维，导致知识传承的断裂。相反，正是得益于计算思维能力的不断提高，现代人类已经很好地掌握了描述一项工程或一种社会行为的工具。由于采用了统一的描述格式，在工程组织或者技术理解方面，人类的交流能力已经跨越了国家和民族，远远超出了文化交流和语言交流所能达到的水平。一件产品，它的设计与生产可以相隔几千公里或者几十年的时间跨度。计算思维的发展使得人类改造世界的能力摆脱了时间和空间的束缚，达到了仅靠理论思维和实证思维无法企及的高度[①]。

① 教育部高等学校大学计算机课程教学指导委员会．计算思维教学改革白皮书（征求意见稿）［Z］．哈尔滨，2013 年 7 月．

第 2 章

从狭义到广义
——计算思维方法学

计算思维是狭义的，更是广义的！

——题记

方法是指在任何一个领域中的行为方式，它是用以达到某一目的手段的总和。人们要认识世界和改造世界，就必须要从事一系列思维和实践活动，这些活动所采用的各种方式，通称为方法。以方法为对象的研究，已成为独立的专门学科，这就是科学方法论。因此，方法学（又称为方法论）是“关于认识世界和改造世界的根本方法”，或者说“用世界观去指导认识世界和改造世界，就是方法论”。

计算思维是一种特定的方法论，它有狭义和广义之说。本章试图以抛砖引玉的方式从狭义到广义给出计算思维方法论的基本内涵，但不是全部，更全面的概括和总结有待于人们进一步的研究和归纳[①]。另外，算法和抽象显然是计算思维方法论中的非常重要的概念，由于在论述计算思维与抽象时已经做了详细的讨论，这里也就不再赘述了。

第1节　问题求解过程

问题求解是计算科学的根本目的，计算科学多半也是在问题求解的实践中发展起来的。既可用计算机来求解如数据处理、数值分析等问题，又可用计算机来求解如化学（如分析高分子结构）、物理学（如研究准原子核的结构）和心理学（如对求解问题的意图和连续性行为的分析）所提出的问题。计算科学的理论显然与许多学科相互影响，特别是计算科学的进展所产生的影响很可能超出计算科学的范围。

面对客观世界中需要求解的问题，在没有计算机之前，人类是如何求解的？有了计算机以后，又是如何解决问题的。我们应该对这两种问题求解方法进行深入分析与比较，了解各自的特点和差异，领会计算思维之方法学。

一、人类解决客观世界问题的思维过程

问题求解是指人们在生产、生活中面对新的问题时，由于现成的有效对策所引起的一种积极寻求问题答案的活动过程。思维产生于问题，正如苏格拉底所说：“问题是接生婆，它能帮助新思想诞生。”只有我们意识到问题的存在，产生了解决问题的主观愿望，靠旧的方法手段不能奏效时，人们才能进入解决问题的思维过程。问题求解的活动是十分复杂的，它不但包括了

① 唐培和，徐奕奕．计算思维：计算学科导论［M］．北京：电子工业出版社，2015.

整个认识活动，而且渗透了许多非智力因素的作用，但思维活动是解决问题的核心成分。

问题求解是一个非常复杂的思维活动过程，在阶段的划分上，存在着许多不同的观点，目前，我国比较倾向于划分为4个阶段，如图2-1所示。

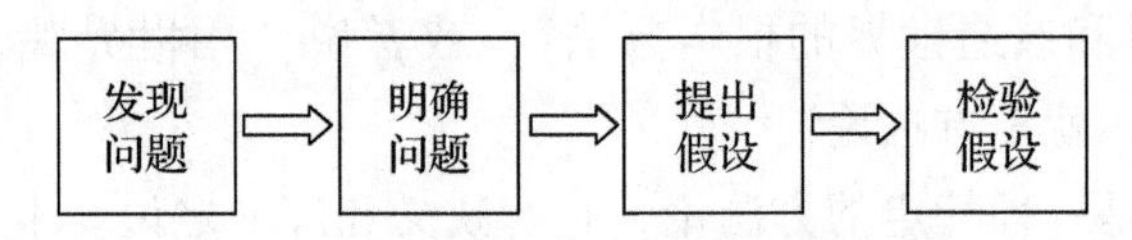

图2-1　人类解决问题的思维过程

（一）发现问题

问题就是矛盾，矛盾具有普遍性。在人类社会的各个实践领域中，存在着各种各样的矛盾和问题。不断地解决这些问题，是人类社会发展的需要。社会需要转化为个人的思维任务，即是发现和提出问题，它是解决问题的开端和前提，并能产生巨大的动力，激励和推动人们投入解决问题的活动之中。历史上许多重大发明和创造都是从发现问题开始的。

能否发现和提出重大的、有社会价值的问题，取决于多种因素。第一，依赖于个体对活动的态度。人对活动的积极性越高，社会责任感越强，态度越认真，越易从许多司空见惯的现象中敏锐地捕捉到他人忽略的重大问题。第二，依赖于个体思维活动的积极性。思想“懒汉”和因循守旧的人难以发现问题，勤于思考、善于钻研的人才能从细微平凡的事件中，发现关键性问题。第三，依赖于个体的求知欲和兴趣爱好。好奇心和求知欲强烈、兴趣爱好广泛的人，接触范围广泛，往往不满足于对事实的通常解释，力图探究现象中更深层的内部原因，总要求有更深奥、更新异的说明，经常产生各种“怪念头”和提出意想不到的问题。第四，取决于个体的知识经验。知识贫乏会使人对一切都感到新奇，并刺激人提出许多不了解的问题，但所提的问题大都流于肤浅和幼稚，没有科学价值。知识经验不足又限制和妨碍对复杂问题的发现和提出。只有在某方面具有渊博知识的人，才能够发现和提出深刻而有价值的问题。

（二）明确问题

所谓明确问题就是分析问题，抓住关键，找出主要矛盾，确定问题的范围，明确解决问题方向的过程。一般来说，我们最初遇到的问题往往是混乱、笼统、不确定的，包括许多局部和具体的方面，要顺利解决问题，就必

须对问题所涉及的方方面面进行具体分析，以充分揭露矛盾，区分出主要矛盾和次要矛盾，使问题症结具体化、明朗化。

明确问题是一个非常复杂的思维活动过程，能否明确问题，首先取决于个体是否全面系统地掌握感性材料。个体只有在全面掌握感性材料的基础上，进行充分的比较分析，才能迅速找出主要矛盾；否则，感性材料贫乏，思维活动不充分，主要矛盾把握不住，问题也不会明朗。其次，依赖于个体的已有经验。经验越丰富，越容易分析问题抓住主要矛盾，正确地对问题进行归类，找出解决问题的方法和途径。

（三）提出假设

解决问题的关键是找出解决问题的方案——解决问题的原则、途径和方法。但这些方案常常不是简单的、能够立即找到和确定下来的，而是先以假设的形式产生和出现。假设是科学的侦察兵，是解决问题的必由之路。科学理论正是在假设的基础上，通过不断的实践发展和完善起来的。提出假设就是根据已有知识来推测问题成因或解决的可能途径。

假设的提出是从分析问题开始的。在分析问题的基础上，人脑进行概略的推测、预想和推论，然后再有指向、有选择地提出解决问题的建议和方案（假设）。提出假设就为解决问题搭起了从已知到未知的桥梁。假设的提出依赖于一定的条件。已有的知识经验、直观的感性材料、尝试性的实际操作、语言的表述和重复、创造性构想等都对其产生重要的影响。

（四）检验假设

所提出的假设是否切实可行，是否能真正解决问题，还需要进一步检验。其方法主要有两种：一种是实践检验，它是一种直接的验证方法。即按照假设去进行具体实验解决问题，再依据实验结果直接判断假设的真伪。如果问题得到解决，就证明假设是正确的，否则，假设就是无效的。例如，科学家做科学实验来检验自己的设想是否正确；人们常在实际生活中做调查，了解情况，检验自己的设想是否符合实际。这种检验是最根本、最可靠的手段。另一种是间接验证方法，是根据个人掌握的科学知识通过智力活动来进行检验，即在头脑中，根据公认的科学原理、原则，利用思维进行推理论证，从而在思想上考虑对象或现象可能发生什么变化，将要发生什么变化，分析推断自己所立的假设是否正确。在不能立即用实际行动来检验假设的情况下，在头脑中用思维活动来检验假设起着特别重要的作用。如军事战略部署、解答智力游戏题、猜谜语、对弈、学习等智力活动，常用这种间接检验的方式来证明假设。当然，任何假设的正确与否，最终还需要接受实践的检验。

例2–1 在1000多年前的《孙子算经》中，有这样一道算术题："今有物不知其数，三三数之剩二，五五数之剩三，七七数之剩二，问物几何?"按照今天的话来说：一个数除以3余2，除以5余3，除以7余2，求这个数。这样的问题也有人称其为"韩信点兵"——我国汉代有一位大将，名叫韩信。他每次集合部队，都要求部下报三次数，第一次按1~3报数，第二次按1~5报数，第三次按1~7报数，每次报数后都要求最后一个人报告他报的数是几，这样韩信就知道一共到了多少人。他的这种巧妙算法，人们称其为"鬼谷算""隔墙算""秦王暗点兵"等。它形成了一类问题，也就是初等数论中的解同余式。

①有一个数，除以3余2，除以4余1，问这个数除以12余几?

解：除以3余2的数有：2、5、8、11、14、17、20、23……它们除以12的余数分别是：2、5、8、11、2、5、8、11……除以4余1的数有：1、5、9、13、17、21、25、29……它们除以12的余数分别是：1、5、9、1、5、9……一个数除以12的余数是唯一的。上面两行余数中，只有5是共同的，因此，这个数除以12的余数是5。如果我们把问题①改变一下，不求被12除的余数，而是求这个数。很明显，满足条件的数是很多的，它是"5+12×整数"，整数可以取0、1、2……无穷无尽。事实上，我们首先找出5后，注意到12是3与4的最小公倍数，再加上12的整数倍，就都是满足条件的数。这样就是把"除以3余2，除以4余1"两个条件合并成"除以12余5"一个条件。《孙子算经》提出的问题有三个条件，我们可以先把两个条件合并成一个，然后再与第三个条件合并，就可找到答案。

②一个数除以3余2，除以5余3，除以7余2，求符合条件的最小数。

解：先列出除以3余2的数：2、5、8、11、14、17、20、23、26……再列出除以5余3的数：3、8、13、18、23、28……这两列数中，首先出现的公共数是8。而3与5的最小公倍数是15，两个条件合并成一个就是"8+15×整数"，可列出这样一串数是8、23、38……再列出除以7余2的数：2、9、16、23、30……就可得出符合题目条件的最小数是23。事实上，我们已把题目中三个条件合并成一个：被105除余23，那么韩信点的兵应该为1000~1500人，可能是105×10+23=1073人。

二、借助于计算机的问题求解过程

尽管计算机只是一个工具或者说是一个高级的工具，但借助于计算机进行问题求解，其思维方法和求解过程却发生了很大的变化，或者说有了自己独特的概念和方法。大致过程如图 2–2 所示。

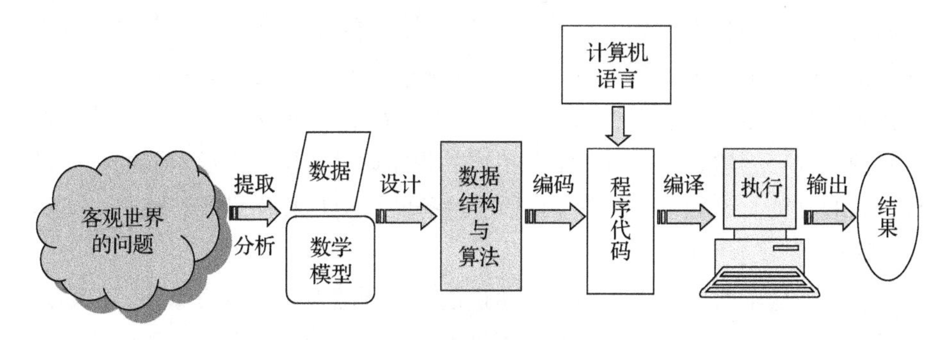

图 2–2 借助于计算机的问题求解过程

当我们面对客观世界里需要求解的问题时，首先要做的事情就是问题分析，了解要求解的问题到底是一个什么样的问题，需要达到什么目的，根据现有的技术和条件（人员、时间、法律和经费等）进行可行性分析，并对要求解的问题进行抽象，获取其数学模型。

有了数学模型后，接下来要做的事情就是根据问题求解的需要组织、提取原始数据，以及确定原始数据进入计算机后的存储结构（即数据结构），并在数据结构的基础上研究数据的处理方法和步骤（即算法）。宏观地说，关于问题求解，一方面是问题求解过程的描述，另一方面是用于求解此问题的装置。问题求解过程的精确描述可由有限条可完全机械执行的、有确定结果的指令（或命令、语句）构成。对问题求解过程描述的一般要求是：含义准确、清晰、明了，解的格式确定。至于解题装置，可以是机器（计算机），还可以是人，还可以是两者的结合。显然，算法就是解题过程的精确描述，它是用计算装置能够理解的语言描述的解题过程，包括有限多个规则，并具有如下性质：①将算法作用于特定的输入集或问题描述，可导致由有限多个动作构成的动作序列；②该动作序列具有唯一一个初始动作；③序列中的每一动作具有一个或多个后继动作（序列中未动作的后继动作可视为空动作）；④序列或者终止于问题的解，或者终止于某一陈述，以表明问题对该输入集而言不可解。

算法代表了对问题的解，而程序则是算法在计算机上的特定的实现。

从数据结构、算法到程序代码的演化，涉及程序设计方法论的选取。已有的、非常典型的两种程序设计方法论为面向过程的结构化程序设计方法和面向对象的程序设计方法，二者各有特点，但构造程序的思维方法（即问题域与解空间的映射问题）却有很大的差异。不管选择哪一种方法，最终目的都是构造出可供计算机运行的程序代码。实际上，程序设计过程就是人们使用各种程序设计语言将人们关心的现实世界（问题域）映射到计算机世界的过程。当然，在此过程中，不同的程序设计方法论需要不同的程序设计语言的支持。例如，C 语言支持面向过程的结构化程序设计，而 C + + 则支持面向对象的程序设计。

有了问题求解的程序，就可以通过语言编译器对程序进行编译，得到计算机上可执行的目标程序，并在计算机上运行，从而得到我们所需要的问题的解。

需要指出的是，通过计算机求解问题还有一些需要做的工作，如调试、测试、维护等，在图 2-2 中并没有完整地表现出来。并不是这些工作不重要，而只是希望通过图 2-2 让读者理解这种解决问题的总的思路和方法。下面通过一个具体的实例，加深理解。

例 2-2 某厂在某个计划期内拟生产甲、乙、丙 3 种适销产品，每件产品销售收入分别为 4 万元、3 万元、2 万元。按工艺规定，甲、乙、丙 3 种产品都需要在 A、B、C、D 4 种不同的设备上加工，其加工所需的时间如表 2-1 所示。已知 A、B、C、D 4 种设备在特定的计划期内有效使用台时数分别为 12、8、16、12。如何安排生产可使收入最大?

表 2-1 产品甲、乙、丙在各台设备上所需加工的台时数

设备 / 产品	A	B	C	D
甲	2	1	4	0
乙	2	2	0	4
丙	1	1	0	0

分析：设甲、乙、丙 3 种产品的产量分别为 x、y、z 件，则：

$$\begin{cases} 2x + 2y + z \leqslant 12 \\ x + 2y + z \leqslant 8 \\ 4x \leqslant 16 \\ 4y \leqslant 12 \\ x, y, z \in N \end{cases} \tag{2-1}$$

其中，N 是自然数。

根据题意和分析不等式组可知，x、y、z 是整数且满足：

$$\begin{cases} 0 \leqslant x \leqslant 4 \\ 0 \leqslant y \leqslant 3 \\ 0 \leqslant z \leqslant 8 \end{cases} \tag{2-2}$$

如何求解呢？

第一步：把满足不等式组（2-1）所有的 x、y、z 代入函数 $f(x, y, z) = 4x + 3y + 2z$ 中求值。这个过程如果手工计算，工作量是巨大的。因为 x 有 5 个不同的取值（即 0、1、2、3、4），y 有 4 个不同的取值（即 0、1、2、3），z 有 9 个不同的取值（即 0、1、2、3、4、5、6、7、8），这样，x、y、z 的不同取值组合将高达 180 种。然后，验证这 180 种不同的取值是否满足不等式组（2-1）。满足时才把相应的 x、y、z 的取值代入函数 $f(x, y, z) = 4x + 3y + 2z$ 中求值。用计算机来完成这项工作则正好发挥了它的长处，甚至可以说是“小菜一碟”。

第二步：在所有求出的 $f(x, y, z)$ 函数值中，找出最大值。

算法　根据以上分析，可以写出对应的算法：

```
/* 把满足不等式组(2-1)的x、y、z代入f(x,y,z) = 4x + 3y + 2y 中求值 */
  for(x⇐0;x≤4;x + + )
          for(y⇐0;y≤3;y + + )
             for(z⇐0;z≤8;z + + )
               if((2x + 2y + z≤12)and(x + 2y + z≤8)
                  f[x][y][z]⇐4x + 3y + 2z;
               else
                  f[x][y][z]⇐0;
  /* 在所有的 f[x][y][z]中,找出最大值,并输出结果 */
     fmax⇐0;
```

```
    for(x⇐0;x≤4;x++)
      for(y⇐0;y≤3;y++)
        for(z⇐0;z≤8;z++)
          if(f_max<f[x][y][z])
          {
             f_max⇐f[x][y][z];
             x_max⇐x;
             y_max⇐y;
             z_max⇐z;
          }
  printf("甲、乙、丙3种产品的产量分别为:",x_max,y_max,z_max);
  printf("最大收入为:",f_max);
```

当然，如果优化一下，上述算法还可以更简洁、高效一些：

```
f_max⇐0;
    for(x⇐0;x≤4;x++)
      for(y⇐0;y≤3;y++)
        for(z⇐0;z≤8;z++)
          if((2x+2y+z≤12)and(x+2y+z≤8))
          {
               f⇐4x+3y+2z;
               if(f_max<f)
                 {
                    f_max⇐f;
                    x_max⇐x;
                    y_max⇐y;
                    z_max⇐z;
                 }
          }
```

```
printf("甲、乙、丙3种产品的产量分别为:",xmax,ymax,zmax);
printf("最大收入为:",fmax);
```

有了算法，学过程序设计语言后，就能很容易地把算法变成程序，上机运行就可以求取结果了。

三、两种问题求解过程的对比

通过以上分析，我们可以看到传统意义下人类求解问题的思路和过程，与借助于计算机这一现代工具求解问题的差异。这些差异体现在以下几个方面：

①传统意义下人类求解问题时，不一定需要数学模型（有时候需要，有时候不需要），多半依靠解决同类问题的经验，一种办法行不通，就换另一种方法，带有试探的色彩。而借助于计算机技术求解问题，基本上都要先确定数学模型（只有极个别的问题求解方法不需要），然后按数学模型进行计算。

②传统意义下人类求解问题时，“心”中也有算法（也就是解决问题的方法和步骤），这些“心”中的算法，别人自然无法了解，只有“当事人”大概知道是怎么回事。而借助于计算机技术求解问题，则需要一个语义明确、可行且有效的算法，借助于特定的算法描述手段，以书面的形式把算法描述出来，供程序设计者使用。

③人类求解问题时，善于分析、归纳、总结与推理，对大量数据的处理与计算则非常“头疼”和低效。相反，借助于计算机求解问题则能非常高效地处理大批量的数据（只要告诉计算机“怎么算”，它的计算速度人类已经望尘莫及了），但对于分析、归纳、总结与推理，则比人类“笨拙”得多。

④人类求解问题时，擅长于形象思维，灵感（顿悟）与直觉有时候很管用，对数据很不敏感，长时间重复做一件事情时，很容易因疲劳而出错。而借助于计算机求解问题时，擅长于抽象的逻辑思维，刻板又机械，长时间重复做一件事情，也不会因疲劳而出错（除非硬件出故障）。

第2节　数学模型——问题的抽象表示

让我们从一个有趣的数学问题说起。

17世纪的东普鲁士有一座城市叫哥尼斯堡（Konigsberg），现为俄罗斯的加里宁格勒（Kaliningrad）。哥尼斯堡有一个岛叫奈佛夫（Kneiphof），一条名叫普雷格尔（Pregel）的河的两条支流流经该岛，将整个城区分成4个区域（岛区、南区、北区和东区），人们在河流上架起7座桥梁，将4个区域相连，如图2-3所示。每当周末，人们喜欢消遣散步，绕岛到各处走走。于是就产生了一个有趣的数学问题：寻找走遍这7座桥，且每座桥只允许走1次，最后又回到出发点的路径——这就是著名的“哥尼斯堡七桥问题”。

1736年，大数学家欧拉（L. Euler）访问哥尼斯堡，也饶有兴趣地研究了整个问题，并发表了关于“哥尼斯堡七桥问题”的论文——《与位置几何有关的一个问题的解》（Solutio problematis ad geomertriam situs pertinentis）。他在文中指出，从一个点出发不重复地走遍7座桥，最后又回到出发点是不可能的。

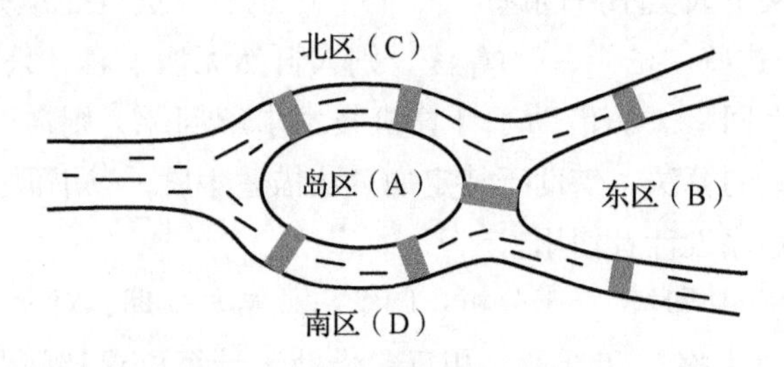

图2-3　“哥尼斯堡七桥问题”

为了解决“哥尼斯堡七桥问题”，欧拉用4个字母A、B、C、D代表4个城区，并用7条线表示7座桥，这样就得到了一个简化的图，如图2-4所示。

在图2-4中，只有4个点和7条线，这样做是基于该问题考虑的，它抽象出了问题本身最本质的东西，忽略了问题非本质的东西（如桥的长度、宽度等），从而将“哥尼斯堡七桥问题”抽象为一个纯粹的数学问题，即经过图中每条边一次且仅仅一次的回路问题。欧拉在论文中论证了这样的回路是不存在的。

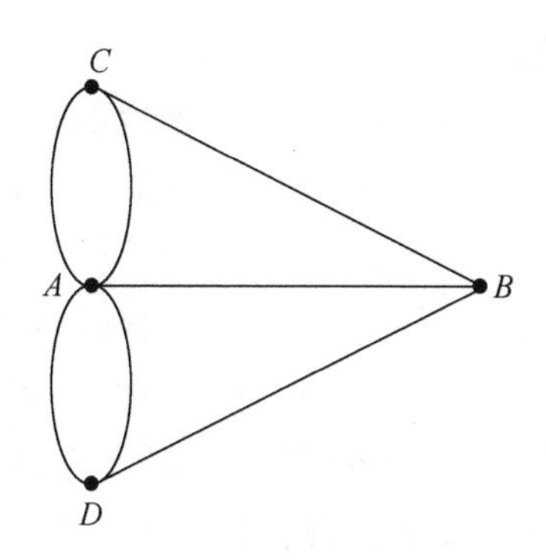

图 2-4 简化的“哥尼斯堡七桥问题”

欧拉的论文为图论的形成奠定了基础。现在，图论已广泛地应用于计算、运筹、信息论、控制论等学科之中，并已成为我们对现实问题进行抽象的一个强有力的数学工具。随着计算学科的发展，图论在计算学科中的作用越来越大，同时，图论本身也得到了充分的发展。

“哥尼斯堡七桥问题”就是实际问题抽象成数学问题的经典案例。

众所周知，数学是精确定量分析的重要工具，精确定量思维是对当代科技人员共同的要求。所谓定量思维是指人们从客观实际问题中提炼出数学问题，再抽象化为数学模型，借助于数学运算或计算机等工具，求出此模型的解或近似解，最后返回实际问题进行检验，必要时修改模型，使之更切合实际，以便得到更广泛、方便的应用。

所谓数学模型，就是用数学语言和方法对各种实际对象做出抽象或模仿而形成的一种数学结构。而数学建模是指对现实世界中的原型进行具体构造数学模型的过程，是“问题求解”的一个重要方面和类型。将考察的实际问题转化为数学问题，构造出相应的数学模型，通过对数学模型的研究和解答，使原来的实际问题得以解决，这种解决问题的方法就叫作数学模型方法。数学模型方法是一种数学思想方法，可以帮助学生灵活、综合地应用所学知识（包括数学知识）来处理和解决一些现实生活中的问题。计算机技术出现以后，进一步强化了数学模型方法的应用。因为，抽象出问题的数学模型以后，借助于计算机技术，求解问题变得更加便捷和高效。

可见，数学模型是连接数学与实际问题的桥梁，对数学模型而言，数学是工具，解决问题是目的。在建模过程中，从要解决的问题出发，引出数学方法，最后回到问题的解决中去。

建立数学模型的一般步骤是：

①对问题（事件或系统）进行观察，研究其运动变化情况，用非形式语言（自然语言）进行描述，初步确定总的变量及相互关系。

②确定问题的所属系统（力学系统、管理系统等）、模型大概的类型（离散模型、连续模型和随机模型等），以及描述这类系统所用的数学工具（图论方法、常微分方程等），提出假说。假说表明了数学模型的抽象性。所谓抽象，就是从事物的现象中将那些最本质的东西提炼出来，为了提炼本质的东西，当然要做一些必要的假设，并对非本质的东西进行简化。

③将假说进行扩充和形式化。选择具有关键性作用的变量及其相互关系（主要矛盾），进行简化和抽象，将问题的内在规律用数字、图表、公式、符号表示出来，经过数学上的推导和分析，得到定量（或定性）关系，初步形成数学模型。

④根据现场试验和对试验数据的统计分析估计模型参数。

⑤检验修改模型，这是在反映问题的真实性与便于数学处理之间的折中过程。模型只有在被检验、评价、确认基本符合要求后，才能被接受；否则需要修改模型，这种修改有时是局部的，有时甚至要推倒重来。

建立数学模型，可能会涉及许多数学知识，未必是一个简单的问题。在某些时候甚至可以说是一个非常困难的问题。针对同一个问题，往往可以利用不同方法建立不同的模型。

建模中关键的思想方法就是通过对现实问题的观察、归纳、假设，然后进行抽象，并将其转化为一个数学问题。

下面看两个不同领域的实例。

例 2–3 关于物体冷却过程的一个问题。

设某物体置于温度为 24 ℃的空气中，在时刻 $t=0$ 时，物体温度为 $u_0=150$ ℃，经过 10 分钟后，物体温度变为 $u_1=100$ ℃。试计算该物体 20 分钟以后的温度。

由于这一问题涉及物体冷却这一物理现象，因此，必须应用物理学的有关定律——牛顿冷却定律：热量总是从温度高的物体向温度低的物体传导，而且，在一定温度范围内，一个物体的温度变化率与该物体和所在介质之间的温差成正比。

通过引进适当的数学概念和符号，这一问题即可获得相应的数学模型。

设 u 为物体温度，t 为时间变量，$u=u(t)$，物体的温度变化率即为 $\frac{du}{dt}$，从而就有：

$$\frac{du}{dt}=-k(u-u_a)$$

这是一个微分方程，其中，u_a 为空气介质的温度，k 为比例常数。

依据微分方程的有关知识，容易求得函数关系 $u=u(t)$ 的显式表示：

$$u-u_a=Ae^{-kt}$$

其中，A 为常数。

按初始条件 $t=0$ 时，$u=u(0)=u_0$，故得：

$$u_0-u_a=Ae^0=A$$

这就是上述微分方程的解，即冷却过程数学模型的显式表示。

有了上述一般性模型，只需再将实际问题中的具体数据一一代入，即可得出：

$$100=(150-24)e^{-10k}+24$$

由此得出，$k\approx0.051$，因此，上述具体问题的特殊模型为：

$$u=24+126e^{-0.051t}$$

特殊地，以 $t=20$（分钟）代入就有：

$$u(20)\approx24+40=64(℃)$$

这就是所要寻求的问题答案：在 $t=20$ 时，该物体的温度为 64 ℃。

例 2-4　发射卫星时，要使卫星进入轨道，火箭所需的最低速度是多少？

分析：将问题理想化，假设：

①卫星轨道为过地球中心某一平面上的圆，卫星在此轨道上以地球引力作为向心力绕地球做平面圆周运动，如图 2-5 所示。

②地球是固定于空间中的均匀球体，其他星球对卫星引力忽略不计。

③火箭是一个复杂的系统，为了使问题简单明了，这里只从动力系统及整体结构上分析，并假定引擎是足够强大的。

设地球半径为 R，中心为 O，地球质量看成集中于球心（根据地球为均匀球体假设），曲线 C 为地球表面，C' 为卫星轨道，其半径为 r，卫星质量为 m，据牛顿定律，地球对卫星的引力为：

$$F=G\cdot\frac{m}{r^2} \tag{2-3}$$

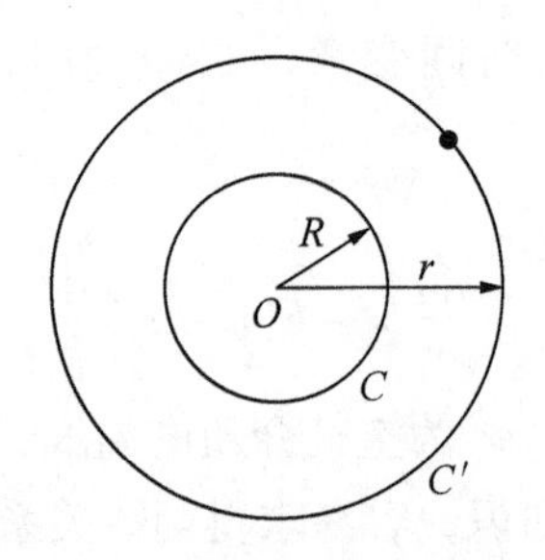

图 2–5　卫星绕地球做圆周运动

其中，G 为引力常数，可据卫星在地面的重量算出，即：

$$\frac{Gm}{R^2}=mg,\ G=gR^2$$

代入式（2–3）得：

$$F=mg\cdot\left(\frac{R}{r}\right)^2 \tag{2-4}$$

由假设①，卫星所受到的引力即它作匀速圆周运动的向心力，故又有：

$$F=m\cdot\frac{v^2}{r} \tag{2-5}$$

从而速度为：

$$v=R\cdot\sqrt{\frac{g}{r}} \tag{2-6}$$

取 $g=9.8\text{m/s}^2$，$R=6400$ km，可算出卫星离地面高度分别为 100 km、200 km、400 km、600 km、800 km 和 1000 km 时，其速度应分别为：7.86 km/s、7.80 km/s、7.69 km/s、7.58 km/s、7.47 km/s 及 7.371 km/s。

很显然，随着科学技术对研究对象的日益精确化、定量化和数学化，随着计算技术的广泛应用，数学模型已成为处理科技领域各种实际问题的重要工具，并在自然科学、社会科学与工程技术的各个领域得到广泛应用。非常遗憾的是，多年的教学观察表明，很多大学生觉得学数学没什么用，计算机专业的学生也不例外，甚至更严重。学生们觉得数学很抽象，离实际应用比较远。特别是计算机专业的学生，总认为会编写程序、会操作使用才是重要的。这是非常糟糕的一个现象。

面对客观世界的一个待求解的问题，如果抽象不出它的数学模型，基本上就等于宣布无法利用计算机求解该问题了（少数情况例外）。例如，尽管

抽烟有害身体健康，可还是很多人喜欢抽烟（女性也不少），而且还抽出了一定的“水平”。有些人甚至能吐出非常漂亮的烟圈。

如果要求你利用计算机模拟吸烟者吐出的烟圈随时间变化的情况，你能做到吗？难！为什么难呢？也许你会认为自己还没有学会程序设计语言和程序设计，或者不知道如何在屏幕上绘出逼真的图形、图像等。其实这些都不是主要的，即便你是程序设计高手，也很难解决整个问题。因为解决这个问题的核心是数学模型，烟圈吐出来后随时间变化的数学模型如何抽象，至今都还是一个难题，建立不起其数学模型，就等于找不到其变化规律，又如何利用计算机模拟呢？

有人可能小看这个问题。不过，如果真有人给出了烟圈随时间变化的数学模型，说不定就能名垂青史呢，至少获诺贝尔奖估计没有太大问题。为什么呢？因为大气、云团的变化规律，与之非常相似，若能给出精确的数学模型，那天气预报问题就彻底解决了（现在的数值天气预报还很不准确），对人类的生产和生活所产生的影响将是不可估量的。

计算机能做很多事情，但很多的事情我们却难以给出数学模型。例如，查找某人的电话号码是计算机经常要做的事，而我们就写不出数学公式（数学模型）。

毫无疑问，学好数学是计算思维的必然需求！

第3节　数据存储结构[①]

对于计算机而言，数据的存储与处理是其最本质也是最核心的问题。通常情况下，我们必须先解决数据的存储问题，然后再讨论数据的处理问题（当然，数据处理方法也反过来会影响到数据的存储结构）。

假定我们要做一个全校学生信息管理系统，把学生的相关信息（如学号、姓名、年龄、性别、籍贯、专业、手机号码、家庭住址等）通过计算机来管理。我们首先要解决的问题就是全校学生的数据存储问题。不妨把每个学生的相关信息看作一个整体，称之为数据元素，用一个符号 a 来表示。全校共有学生 n 个，可表示成一个线性表：

$$(a_1, a_2, a_3, \cdots, a_n)$$

---

① 唐培和，徐奕奕．数据结构与算法：理论与实践［M］．北京：电子工业出版社，2015.

其中，$a_i(1\leqslant i\leqslant n)$ 表示第 i 个学生。在这里，被管理的学生的集合称之为数据对象，也就是我们要管理的对象。

现在的问题是，这么多学生的信息输入计算机后，放在哪里？怎么存放？这就是接下来我们要讨论的问题。

一、顺序存储结构

所谓顺序存储，就是按照先后顺序从某个地方开始，依次顺序存放所有被管理学生的信息。所谓依次顺序存放就是先存放第一个学生 a_1，然后紧接着存放第二个学生 a_2……以此类推，一个紧挨着一个，中间不留空隙，直到所有学生信息全部存完为止。另一个问题是，到底从哪里开始存放呢？这个起始位置也称首地址，不用我们管，系统会根据实际情况和需要来确定，我们只要知道肯定有那么一个起始位置就可以了。顺序存储结构如图 2-6 所示。

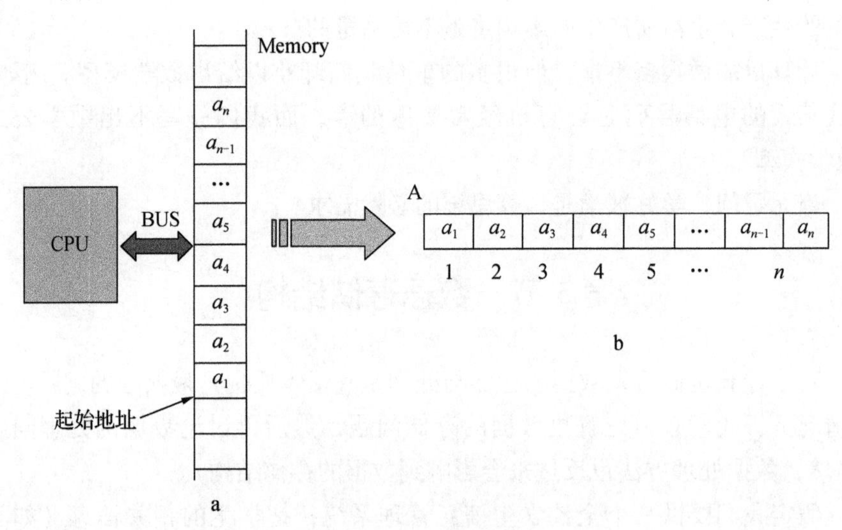

图 2-6 顺序存储结构

图 2-6 a 为计算机内部的数据存储结构示意。如果我们把不影响讨论存储问题的有关部分去掉，就可以得到图 2-6 b 这样更加简洁的示意图，有时简称为顺序表。很显然，这是一种非常简单的存储结构，有点像幼儿园里的“排排坐，吃果果”。在程序设计语言中，把这种存储结构称作数组，A 称之为数组名，它也表示数组的起始地址。

稍加分析一下，不难看出顺序存储结构具有如下优点：

①数据元素的存储结构非常紧凑（元素一个紧挨着一个），存储效率很高，也就是存储空间的利用率非常高。在内存空间非常宝贵且空间容量总是不够用的过去和现在来说，显得非常有意义。

②描述学生信息的数据元素之间的逻辑关系可以通过数据元素在存储器中的位置关系反映出来，不需要额外的开销。

③相对来说，顺序存储结构线性表的操作比较简单，特别地，通过数据元素的序号（或下标）可实现这种线性表的随机操作，容易理解和掌握。

但事物总是一分为二的，这种存储结构也有明显的缺点或不足：

①当问题规模不大时（即数据元素个数不多时），采用顺序存储结构非常恰当，效果非常好，但当问题规模很大时，就不一样了。由于顺序存储结构是通过位置的相邻关系体现数据元素的线性关系的，因此当问题规模很大时，就需要一大块连续的存储空间，否则就无法解决数据的存储问题。事实上，对于多用户、多任务计算机系统而言，运行时间稍长，就有可能出现内存空间“零碎化”，即原来可分配使用的、大块的、连续的存储空间被分割成许多小块的、不连续的存储空间。也就是说，在问题规模很大时，存储空间难以满足顺序存储结构的需求。

②程序设计实现时需借助程序设计语言中的数组机制，而数组是编译时确定的静态结构。用一种静态结构映射问题域的动态结构肯定是有欠缺的。典型地，对于长度可变的线性表，就需要预先分配足够的空间，这就有可能使一部分存储空间长期闲置，不能充分利用，还有可能造成表的容量难以扩充。

③在顺序表中做插入或者删除操作时，需平均移动表中大约一半的元素，因此，对 n 较大的顺序表效率低。

很显然，问题出来了，如何解决呢？我们必须寻求一种新的存储结构——链式存储结构。

二、链式存储结构

针对顺序存储结构带来的问题，逐一分析并加以解决。

首先，对于顺序存储结构需要大块的、连续的存储空间问题，人们应该不难想到这么一种办法，即哪里有空间就存放在哪里，把线性表中的元素全部存进去再说，如图 2-7 所示。

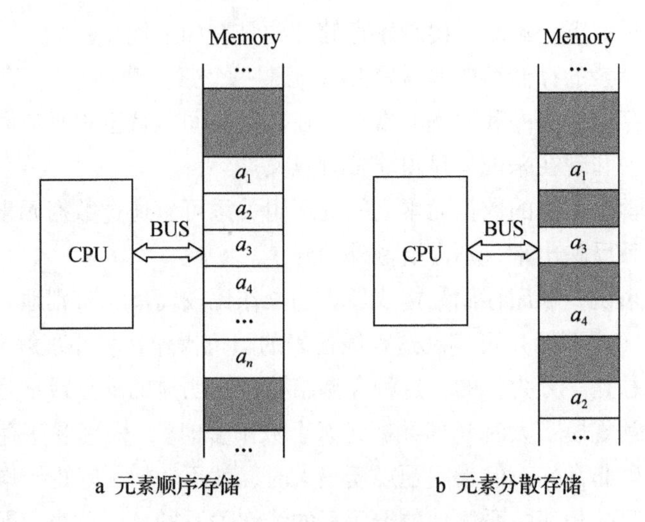

a 元素顺序存储　　　　b 元素分散存储

图 2–7　元素顺序存储与分散存储的对比

如果我们不要求线性表中的数据元素连续存放，自然就可以想到图 2–7 b 这样的分散存储结构。很显然，这样的存储方式可以充分利用系统的存储空间，也就是说，哪里有空间就存放进哪里。这样的分散存储方式自然不需要连续的存储空间。但问题是，这仅仅解决了“存储”问题。因为我们面对的是线性表，表中的数据元素是有线性关系的。我们选定的数据结构不仅要存储所有的数据元素，还要确切地表达元素之间的关系，不然，这样的数据结构是没有意义的。

那么，如何描述元素之间的关系呢？

既然元素分散地存放在存储空间里，相互之间不在一起，人们想到了利用“指针”来建立元素之间的线性关系，也就是用一个指针指出一个元素的后继在存储器中的存放位置，如图 2–8 所示。

这样，不管线性表中元素存放在什么地方，通过指针就可以建立其元素间的线性关系。为了清晰地描述这种数据结构，我们把图 2–8 a 中不影响分析问题的有关部分抹去，并对元素之间的关系进行梳理，就可以得到如图 2–8 b 所示的数据结构。这就是我们所需要的链式存储结构的线性表，简称线性链表，或者链表。直观地看，还真有点像一根线拴着若干只“蚂蚱”。可见，用线性链表表示线性表时，数据元素之间的逻辑关系是由节点中的指针描述的，逻辑上相邻的两个数据元素其存储的物理地址不要求相邻，由此，这种存储结构为非顺序映象或链式映象。

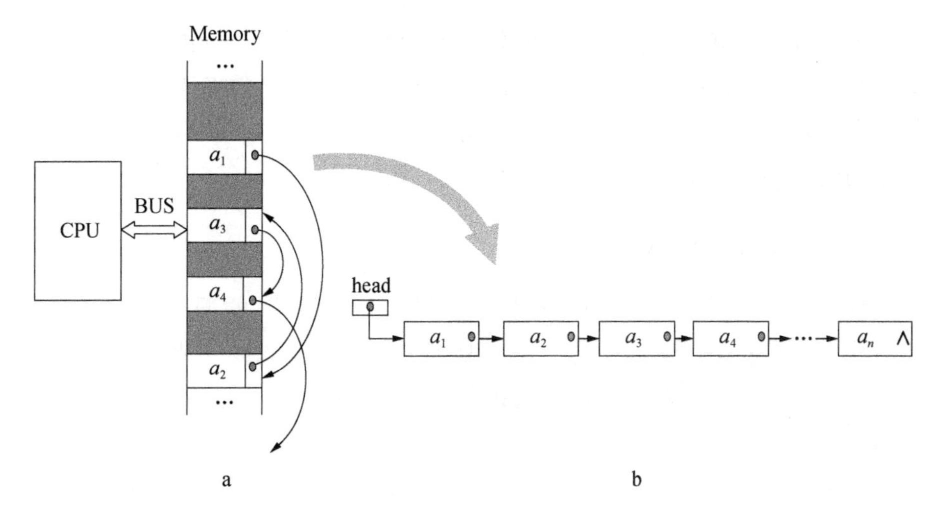

图 2-8　链式存储结构

很显然，顺序存储结构的线性表所存在的第一个问题已经解决了。

那么，第二个问题呢？它是动态的数据结构吗？

我们知道，计算机系统中宝贵的内存资源统一由操作系统掌管，如果我们需要一块存储空间来存储数据，得先向操作系统提出申请，操作系统响应了我们的请求并分配了满足需求的内存块后，我们才能使用该内存块。

在链式存储结构中，每存放一个数据元素，都需要向操作系统提出申请，所申请的存储块除了能存放数据元素外，还需要存放一个指针，用于描述元素之间的关系。我们不妨把这样一个既存放数据元素又存放指针的存储块称为节点。

如何向操作系统申请存储块呢？C 和 C + + 语言提供了相应的手段。例如，在 C 语言中，可以通过调用函数 malloc（）来实现（具体方法这里不详细介绍）。当我们用完一个节点，不再需要它时，要将该节点（对应的内存块）归还给操作系统。在 C 语言里面只要调用标准函数 free（）即可。

正是基于这样的标准函数，使得链表可以在程序执行的过程中动态地生成或取消，随时满足系统需求。所以链表是一种动态数据结构。

进一步地，针对这么一种链式存储结构，当我们需要在表中插入一个元素（节点）或删除一个元素（节点）时，只要修改相应的指针即可，不需要像顺序存储结构一样移动不相关的数据元素。所以，第三个问题也就不存在了。

由此可见，链式存储结构能解决顺序存储结构所存在的问题。

当然了，这种存储结构也有自己的不足：它的存储效率不高（每个数据元素需要一个额外的指针），而且不能随机访问（存取）其中的数据，对数据的处理相对来说比较复杂，不太容易掌握。

三、索引存储结构

什么叫“索引”呢？百度百科中这样描述“索引”的词义：将文献中具有检索意义的事项（可以是人名、地名、词语、概念或其他事项）按照一定的方式有序地编排起来，以供检索的工具，如《五胡十六国论著索引》。

经常到图书馆看书就应该注意到，很多外文书籍（包括翻译过来的译著），书后面都附有一个索引表，按照英文字母的排序，给出书中一些重要的概念、名字、定理等在书中的具体位置，让读者很容易找到自己关心的内容。可见，这样的索引表对于内容的检索是非常有用的。国内作者过去写书是不太注意这点的，现在越来越多的书开始提供索引表了。

那么，什么是“索引存储”呢？直观地理解就是给存储在计算机中的数据元素建立一个索引表，通过索引表，就可以得到数据元素在存储器中的位置，以此就可以对数据元素进行操作。一种可能的索引存储结构如图 2-9 所示。

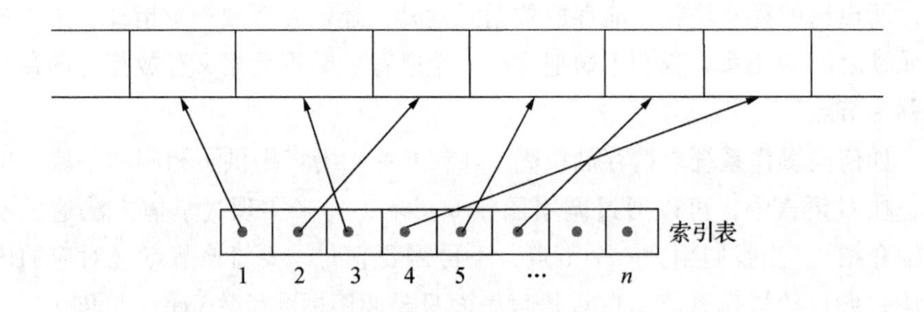

图 2-9　索引存储结构

从图 2-9 不难看出，索引存储是顺序存储的一种推广，它使用索引表存储一串指针，每个指针指向存放在存储器中的一个数据元素。它的最大特点就是可以把大小不等的数据元素（所占的存储空间大小自然也不一样）按顺序存放。

进一步，我们还可以建立两级或多级索引，也就是建立索引的索引。这个应该不难理解，不妨看一个例子。《机械设计手册》大概有 17 本分册，是机械设计的重要参考手册。为了查找方便，编著者专门编辑了一本总目录，每一本分册又有自己详细的分目录。设计者查看相关内容时，先看总目录，找到自己想参考的资料在哪一分册，然后再根据分册的目录进一步定位要找的内容。

生活中其实还有不少“索引存储”方面的例子，这里实在没有必要一一列举。有兴趣的读者可以自己想想，并列举一二。

很显然，索引存储需要额外的索引表，增加了额外的开销。

四、散列存储结构

先看看我们小时候的一些经历，相信一些人也有过类似的体验。

想起早年一些有趣的事情。

那时候在农村，家家少不了养些鸡、鸭、鹅、猪、牛、羊之类的家禽、家畜，对农民来说，这些家禽、家畜差不多就是命根子了。

大人们常常下地干活，放养家禽、家畜之类的事情常让孩子们干。由于条件所限，鸡舍、猪圈之类的地方非常简陋。

孩子毕竟是孩子，家禽、家畜毕竟是动物，走失几只鸡鸭甚至一两头猪羊也是常有的事。这时候，大人们急得团团转，一家老少分头四处寻找，找遍所有可能的地方……

满世界找遍了，还是找不到，大人们的表情就变得非常懊丧和难看。绝望的时候，他们会想起另一个办法：请村里“能掐会算”的人帮忙，根据家禽、家畜走失的时间掐算出最有可能的所在方位。大人们按指定方位去寻找，有时候还真能找到丢失的东西。

这样的故事与散列存储有关系吗？当然有！

假定我们已经把若干个数据元素存放在计算机的存储器中，当我们需要访问（即存取）某个数据元素时，首先就得知道该数据元素存放在存储器中的具体位置，然后才能对其进行操作。

怎么知道一个数据元素在存储器中的具体位置呢？最笨的方法就是逐个去找（比对）。由于计算机没长“眼睛”，使得这一找寻过程与“盲人摸真币”的过程非常相似（即弄若干张和真币一样大小的纸，与一张真币放在一起，让盲人把那张真币找出来）。不难想象，当数据元素个数很多时，这种满世界到处搜寻的查找方法的效率就很低。人们自然就在想：如果根据要查找的数据元素的某个“特征”能直接算出其存储位置该多好！散列存储就是为此目的设计的。

要达到这样的目的，在存储数据元素的时候就需要预先考虑如何存放。具体方法是：根据每个数据元素的“特征”（专业术语叫关键字），依据特定的计算公式（即哈希函数），算出一个个对应的值，然后把对应的数据元素存放在以该值作为存储位置（地址）的存储器中。既然数据元素是这么存储的，查找时也就可以依据“特征”计算存储地址了。

理想状态下，该方法实在是相当妙。

问题是理想状态很难达到，非理想状态下就需要解决如下两个问题：①设计一个恰当的计算公式（哈希函数），这可不太容易；②当两个不同的数据元素依据哈希函数计算出相同的结果时，就会导致冲突（即两个不同的数据元素要存放到同一个地方）。不解决冲突问题，这种存储方法自然就不能使用了。

另外，为尽量减少冲突，该方法的存储效率不高。

第 4 节　客观世界到计算机世界的映射方法

一、面向过程的结构化设计方法学

早期的计算机存储器容量非常小，人们设计程序时首先考虑的问题是如何减少存储器开销，硬件的限制不容许人们考虑如何组织数据与逻辑，程序本身短小，逻辑简单，也无须人们考虑程序设计方法问题。与其说程序设计是一项工作，倒不如说它是程序员的个人技艺。但是，随着大容量存储器的出现及计算机技术的广泛应用，程序编写越来越困难，程序的大小以算术级数递增，而程序的逻辑控制难度则以几何级数递增，人们不得不考虑程序设计的方法。就是在这样的背景下，人们于 20 世纪 60 年代末 70 年代初提出了结构化程序设计方法。

面向过程的结构化方法是一种传统的程序设计方法，它是由结构化分析、结构化设计和结构化编码（即编写程序代码）3 部分有机组合而成的。它的基本思想是：把一个复杂问题的求解过程分阶段进行，而且这种分解是自顶向下，逐层分解，使得每个阶段处理的问题都控制在人们容易理解和处

理的范围内。更具体一点说，就是首先确定输入、输出数据结构，使用自顶向下的设计方法，列出需要解决的最主要的子问题，然后通过解决每一个子问题来解决初始的问题。结构化软件开发方法的本质是功能的分解，将系统按功能分解为若干模块，每个模块是实现系统某一功能的程序单元，每一个模块都具有输入、输出和过程等基本特性。输入和输出分别是模块需要和产生的数据，过程则是对模块具体处理细节的描述和表示。数据则在功能模块间流动。功能是一种主动的行为，数据是受功能影响的信息载体。因而，它的编程模型被理解为作用于数据的代码。

从编程技术的角度来说，结构化方法在进行程序设计时，描述任何实体的操作序列只需采用“顺序、选择、重复”3 种基本控制结构，整个程序划分为若干个模块。每个模块要具有一种以上的特定功能，并且每个模块只能有一个入口和一个出口。这种程序设计采用自顶向下、逐步细分的方法展开，在一定的数据结构基础上设计对应的算法，然后分别实现数据结构设计和算法设计。因此，N. Wirth 教授总结出“程序 = 算法 + 数据结构”。结构化程序设计中，问题被看作一系列需要完成的任务，函数或过程是用于完成这些任务的。所以说，最终解决问题的焦点集中于函数或过程，而数据则在功能模块间流动。

简单总结一下，面向过程的结构化方法的基本思想要点是：

①基于自顶向下、逐步求精的问题分解方法。

②模块化设计技术。

③结构化编码。

接下来，我们分别讨论，理解这种解决问题的思维方法才是最重要的。事实上，这种思维方法可广泛用于其他领域的问题求解，只是具体的技术手段不一样而已。显然，它属于哲学上所讨论的方法论的范畴。

（一）基于自顶向下、逐步求精的问题分解方法

不管哪一个领域，当人们面对一个大型问题需要求解时，都应该首先考虑怎么对问题进行分解。例如，组建一个新的汽车厂，生产轿车。就汽车的生产而言，需要解决汽车各零部件的生产及装配、检验等问题；就组织生产而言，需要解决各个环节的管理问题。如果我们把汽车分成车架、发动机、底盘、变速箱、仪器仪表、轮胎、标准件等零部件，则可以考虑组建若干个分厂及一个总装厂，每个分厂只负责生产一个零部件，如发动机或者变速箱，分工很明确。对一个分厂来说，又可以根据需要，下设产品研发、设

计、生产、仓储、管理等部门，各负其责，功能明确。各部门还可进一步划分，如一个部门划分为若干个班组，每个班组职责明确，工作任务与要求清清楚楚。管理方面分设财务、销售、人事、行政办公、宣传等部门，根据需要下设二级机构，实行分级管理。可见，一个汽车的生产问题，按照自顶向下、逐步求精的方法，进行了层层分解，以至于到最后的每一个子问题都控制在人们容易理解和处理的范围内。很显然，这是按功能进行分解的。被管理与生产的对象就是从原材料到汽车的所有半成品和成品。

我们再来看一个计算机世界的例子。假设我们要利用计算机做一个学生信息管理系统。我们首先就要弄清楚被管理的对象及系统应该提供什么样的功能。被管理的对象一方面指哪一个范围内的学生（一个班、一个学院还是整个学校，甚至更大范围)，另一方面就是要明确管理学生的哪些信息(如是否包含身高与体重等)。被管理的对象最终都以数据的形式存放于计算机之中。

另一个问题就是系统应该提供的功能。到底需要提供什么样的功能取决于管理人员的工作需要。例如，系统应该提供数据初始化、按某种方法排序、根据指定的信息进行查询、打印报表、数据维护、信息安全等功能。每个功能还可进一步划分，如就查询而言，可分为按姓名查询、按性别查询、按籍贯查询、按专业查询、按爱好查询等。直到每一个子功能分解到非常恰当为止。

不难想象，按照自顶向下、逐步求精的问题分解方法，最后设计出来的程序系统应该具有类似如图 2–10 所示的结构。

显然，自顶向下的出发点是从问题的总体目标开始，抽象低层的细节，先专心构造高层的结构，然后再一层一层地分解和细化。这使设计者能把握主题，高屋建瓴，避免一开始就陷入复杂的细节中，使复杂的设计过程变得简单明了，过程的结果也容易做到正确可靠。

如果仔细考察客观世界的对象如何映射成计算机世界的“数据”，以及抽象出的各功能模块如何处理这些“数据”，我们可以进一步用如图 2–11 所示的描述面向过程方法学的程序结构，即反映了客观世界的问题结构到计算机世界程序结构的映射。

（二）模块化设计

为什么要把程序分解为若干个模块？为什么要采用模块化设计？

模块化是程序的一个重要属性，它使得一个程序易于为人们所理解、设

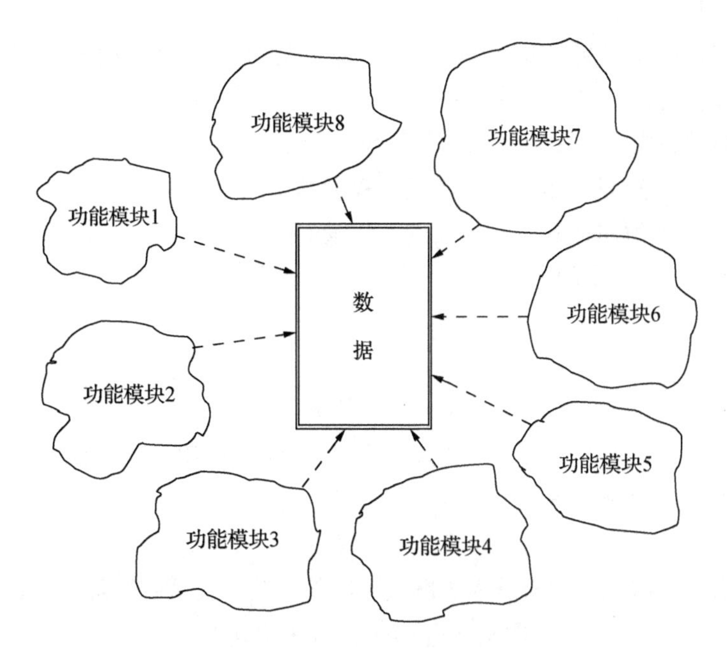

图 2–10　按功能分解的程序结构

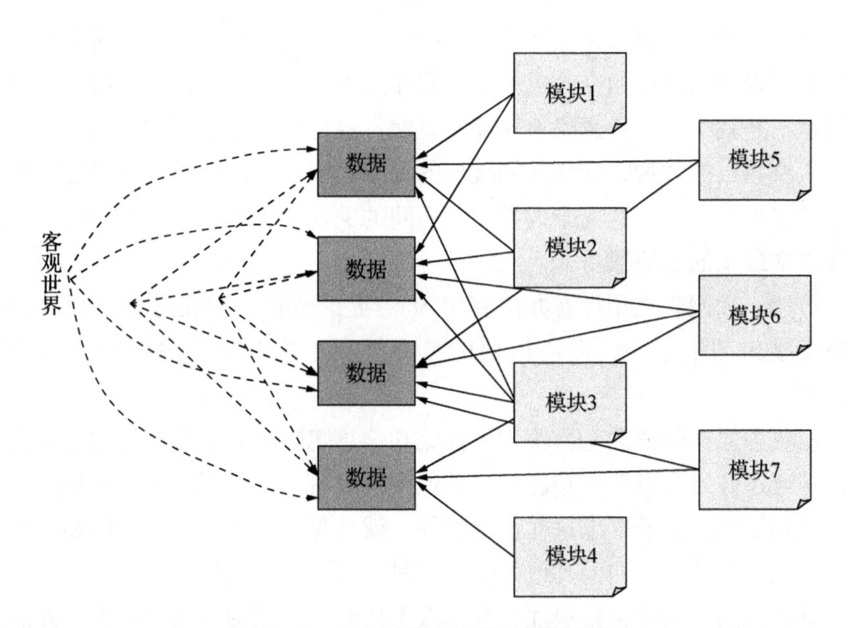

图 2–11　面向过程方法学的程序结构

计、测试和维护。如果一个程序就是一个模块，是很难让人理解的。因为，一个大型程序的控制流程、数据结构、业务逻辑等是非常复杂的，人们要了解、处理和管理这样复杂的程序系统，几乎是不可能的。为了说明这一点，请看下面的论据，这是观察人们怎样解决问题得到的。

设：$C(x)$ 是表示问题 x 的复杂程度的函数；

$E(x)$ 是解决问题 x 所需要的工作量的函数。

对 p_1 和 p_2 两个问题，如果：

$$C(p_1) > C(p_2)$$

显然：

$$E(p_1) > E(p_2)$$

因为一般来说，解决一个复杂程度大的问题所需的工作量要比解决一个复杂程度小的问题所需的工作量要多得多，即：

$$C(p_1) > C(p_2) \Rightarrow (E(p_l) > E(p_2)$$

那么，分解以后，根据人类解决问题的经验，复杂程度降低了，即：

$$C(p_1 + p_2) > C(p_1) + C(p_2)$$

由此，可以推出：

$$E(p_1 + p_2) > E(p_1) + E(p_2)$$

所得结果对于模块化设计具有重要的指导意义。那么从上面所得的不等式是否可以得出这样的结论：如果把程序无限地分解，开发程序所需的总工作量是不是就小得可以忽略不计呢？显然，这样的结论是不能成立的。因为随着模块数目的增加，模块之间接口的复杂程度和为接口设计所需的工作量也在随之增加。根根这两个因素相互之间的关系，存在着一个工作量最小或开发成本最小的模块数目 M。

虽然，我们现在还没有办法算出 M 的准确数值，但在考虑模块时，必须减少接口的复杂性，提高模块的独立性，才能有效地降低程序总的复杂性。

模块独立性的概念是模块化、抽象和信息隐藏概念的直接产物。模块独立性是通过开发具有单一功能和与其他模块没有过多交互作用的模块来达到的。换句话说，我们要求这样设计软件，就是每个模块只有一个所要求的子功能，而且在程序结构的其他部分观察时具有单一的接口。

有人会问，为什么模块独立性这么重要？这是因为模块化程度较高的程序，其功能易于划分，接口简化，因此，开发比较容易，特别是几个开发人

员共同开发一个软件时，这点尤为突出。这样的软件也比较容易测试和维护，修改所引起的副作用也小。而且，模块从系统中取出或插入也较简单。总之，提高模块独立性是一个软件好的设计的关键，而设计又是决定软件质量的关键。

模块独立性可用两个定量准则来度量：聚合和耦合。聚合是模块功能相对强度的量度，耦合则是模块之间相对独立性的量度。聚合是信息隐藏概念的一种自然延伸。一个聚合程度高的模块只完成软件过程内的一个单一的任务，而与程序其他部分的过程交互作用很小。简言之，一个聚合模块应当（理想地）只做一件事。

耦合是对模块间关联程度的度量。耦合的强弱取决于模块间接口的复杂性、调用模块的方式及通过界面传送数据的多少。模块间联系越多，其耦合性越强，同时表明其独立性越差。降低模块间的耦合度能减少模块间的影响，防止对某一模块修改所引起的“牵一发动全身”的水波效应，保证系统设计顺利进行。

聚合和耦合是相互关联的，在系统中，每个模块的聚合（程）度高，耦合（程）度就低，反之亦然。

一个问题划分成多个子问题，多半是就程序功能而言。基于功能的自顶向下分解而得到的模块内聚力是大的，但不能保证耦合力小。程序设计的总体原则是提高模块的聚合度，降低模块的耦合度。也就是说，模块的根本特征是“相对独立，功能单一”。一个好的模块必须具有高度的独立性和相对较强的功能。

（三）结构化编码

模块确定以后，就要借助于具体的程序设计语言，编写程序代码，以实现模块的预定功能。结构化编码主张使用顺序、选择（条件）、循环3种基本结构及其嵌套联结来构造复杂层次的“结构化程序”，程序中不主张或严格控制goto语句的使用，以免产生控制流混乱的“面条”程序。通过结构化编码获得的程序具有以下意义：

①以控制结构为单位，只有一个入口、一个出口，所以能独立地理解这一部分。

②能够以控制结构为单位，从上到下顺序地阅读程序代码，以提高程序的可读性。

③由于程序的静态描述与执行时的控制流程容易对应，所以能够方便正

确地理解程序的执行过程。

二、面向对象程序设计方法学

（一）对客观世界的认识及其面向对象方法学的诞生

面向过程的结构化程序设计方法学确实给程序设计带来了巨大进步，在某种程度上部分地缓解了软件危机（软件开发与维护过程中面临的种种困境），使用这种方法学开发的许多中、小规模软件项目都获得了成功。但是，人们也注意到当把这种方法学应用于大型软件产品的开发时，似乎很难得心应手。

这不能不引起人们的思考。人们在反思、总结面向过程的结构化程序设计方法学时，发现该方法学存在着明显的问题——这种方法以算法为核心，把数据和过程作为相互独立的部分，数据代表问题空间中的客体，程序代码则用于处理这些数据。把数据和代码作为分离的实体，很好地反映了计算机的观点，因为在计算机内部数据和程序是分开存放的。但是，这样做的时候总存在使用错误的数据调用正确的程序模块，或使用正确的数据调用错误的程序模块的危险。使数据和操作保持一致，是程序员的一个沉重负担，在多人分工合作开发一个大型软件系统的过程中，如果负责设计数据结构的人中途改变了某个数据的结构而又没有及时通知所有人员，则会发生许多不该发生的错误。更关键的是该方法学忽略了数据和操作之间的内在联系，用这种方法设计出来的软件系统其解空间（计算机世界）与问题空间（客观世界）并不一致，令人感到难以理解。

人们首先对客观世界重新进行了审视，得到了新的认知，归纳如下：

①客观世界是由各种各样的事物（实体）组成的。

②每一实体在任一时刻都具有特定的状态。

③实体之间具有这样或那样的相互关系（作用）。

④实体之间的相互作用可以改变它们的状态。

⑤事物（实体）可以按一定的属性进行分类。

⑥不同的类之间存在一定的关系，如继承与进化。

进一步，人们认识到：客观世界中的问题都是由客观世界中的实体及其相互之间的关系构成的，我们称这种实体为客观世界的对象。从本质上讲，我们用计算机求解问题，就是借助于某种语言的规则对计算机世界中的实体施加某种操作，并以此操作去影射问题的解。我们把计算机世界中的实体称

为解空间对象，一旦提供了某种解空间的对象，就隐含着该对象的允许的操作。很显然，客观世界中的对象及其结构与计算机世界中的对象（或称解空间的对象）及其结构应该一一对应起来。只有这样，才便于人们分析、研究和理解，如图 2–12 所示。

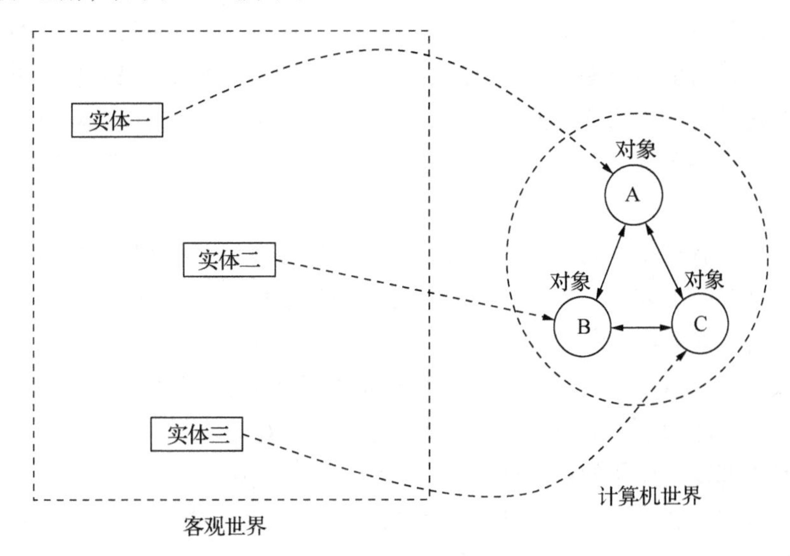

图 2–12　客观世界与计算机世界一一对应

基于以上认识及软件技术（如数据抽象、信息隐藏、软件重用等）的进步与发展，自 20 世纪 60 年代后期出现的编程语言 Simula-67 开始，逐步发展并完善了一种新的程序设计方法学——面向对象程序设计方法学。如今，面向对象方法学已经成为人们在开发软件时首选的范型，面向对象技术也已成为当前最好的软件开发技术。

（二）面向对象方法学的核心思想

面向对象方法学的出发点和基本原则，是尽可能模拟人类习惯的思维方式，使开发软件的方法与过程尽可能接近人类认识客观世界、解决实际问题的方法与过程，也就是使描述问题的问题空间（也称为问题域）与实现解法的解空间（也称为求解域）在结构上尽可能一致。

面向对象方法学的基本原理是，使用现实世界的概念抽象地思考问题，从而自然地解决问题。它强调模拟现实世界中的概念而不强调算法，它鼓励开发者在软件开发的绝大部分过程中都用应用领域的概念去思考。面向对象的软件开发过程从始至终都围绕着建立问题领域的对象模型来进行：对问题领域进行自然的分解，确定需要使用的对象和类，建立适当的类等级，在对象之间传递消息，实现必要的联系，从而按照人们习惯的思维方式建立起问题领域的模型，模拟客观世界。

概括地说，面向对象方法学具有下述4个要点：

①认为客观世界是由各种对象组成的，任何事物都是对象，复杂的对象可以由比较简单的对象以某种方式组合而成。可见，面向对象方法学用对象分解取代了传统方法的功能分解。这样就显得非常自然。在面向对象方法学中，一个程序就是由若干个不同的对象组成的，或者说是若干个对象的集合。

②把所有对象都划分成各种对象类（简称为类），每个对象类都定义了一组数据和一组方法。数据用于表示对象的静态属性，是对象的状态信息。因此，每当建立该对象类的一个新实例时，就按照类中对数据的定义为这个新对象生成一组专用的数据，以便描述该对象独特的属性。类中定义的方法，是允许施加于该类对象上的操作，是该类所有对象共享的，并不需要为每个对象都复制操作的程序代码。

③按照子类（或称为派生类）与父类（或称为基类）的关系，把若干个对象类组成一个层次结构的系统（也称为类库）。在这种层次结构中，通常下层的派生类具有和上层的基类相同的特性（包括数据和方法），这种现象称为继承。但是，如果在派生类中对某些特性又做了重新描述，则在派生类中的这些特性将以新描述为准，也就是说，低层的特性将屏蔽高层的同名特性。既有继承又有发展，这是一种多么完美的技术机制！

④对象彼此之间仅能通过传递消息互相联系。对象与传统的数据有本质区别，它不是被动地等待外界对它施加操作，不能从外界直接对它的私有数据进行操作。对象是进行处理的主体，必须发消息请求它执行某个操作，处理其私有数据。也就是说，一切局部于该对象的私有信息，都被封装在该对象类的定义中，就好像装在一个不透明的黑盒子中一样，外界是看不见的，更不能直接使用，这就是“封装性”。可见，消息统一了数据流和控制流，封装强化了信息隐藏。

总之，面向对象方法学可以用下式来概括：

OO = objects + classes + inheritance + communication with messages

也就是说，面向对象就是既使用对象又使用类和继承等机制，而且对象之间仅能通过传递消息实现彼此通信。

（三）面向对象方法学的核心概念

1. 什么是对象？

我们已经知道，计算机世界中的对象是映射客观世界中对象的，那么，计算机世界的对象到底是什么样的实体呢？如果我们简单一点来描述，可用如下式子来表示对象：

对象 = 数据 + 操作

在这里，用“数据”来描述客观世界中对象的状态，用“操作”（也就是程序代码）来描述客观世界中对象的行为。再把这样的“数据”和“操作”封装起来，就形成了计算机世界中的对象，如图 2-13 所示。

数据（状态）
操作（行为）

图 2-13　对象示意

例如，我们要在计算机中描述一个人，那么要描述的这个人的姓名、年龄、性别、身高、体重、健康情况、籍贯、政治面貌、住址、邮编等我们所关心的信息就是他的状态，可以用对应的一组数据（如张三、21、男、170、70、良好、广西桂林、团员、广西柳州市东环路268号、545006……）来表示。之外，这个人爱好画画、上网聊天、玩游戏、打羽毛球、唱歌、跑步、骑自行车，以及常人的吃、喝、拉、撒、睡等行为，这些行为我们分别用一段一段的程序代码来表示，这就是操作，在面向对象程序设计中，也叫方法。

不难想象，对象的行为会影响到对象的状态。例如，张三去跑步，那他的心率肯定就会加速；长期坚持跑步锻炼，他的健康状况就会很好等。

把数据和操作封装起来就形成了对象。封装的目的一是信息隐藏，二是对象的状态只能由它自己的行为来改变，这样才与客观世界相吻合。还是以张三为例，张三有多少财富，那是他个人的隐私，别人没有必要了解，也不应该了解，这就是信息隐藏。另外，张三静静地躺着看书，心率80次/分钟，外界不能随便强迫他的心率提高到120次/分钟，除非他自己去跑步，这就是行为改变状态。

2. 对象间的通信——消息

对象完成一定的处理工作，对象间进行联系，都只能通过传递消息来实现。消息用来请求对象执行某一处理或回答某些信息的要求；消息统一了数据流和控制流；某一对象在执行相应的处理时，如果需要，它可以通过传递消息请求其他对象完成某些处理工作或回答某些信息；其他对象在执行所要求的处理活动时，同样可以通过传递消息与别的对象联系，就像你托张三办事，张三正好没时间或者有别的困难，又转托李四去办。因此，程序的执行是靠在对象间传递消息来完成的。

每当需要改变对象的状态时，只能由其他对象向该对象发送消息。对象响应消息后按照消息模式找出匹配的方法，执行该方法。发送消息的对象称为发送者，接收消息的对象称为接收者。消息中只包含发送者的要求，它告诉接收者需要完成哪些处理，但并不指示接收者应该怎样完成这些处理（例如，老师布置作业，提出具体的要求，但怎么完成作业是学生自己的事情）。消息完全由接收者解释（老师讲解某一问题时，不同的学生恐怕有不同的理解），接收者独立决定采用什么方式完成所需的处理（老师布置一道习题，不同的学生完全可能采用不同的方法求解）。一个对象能够接收不同形式、不同内容的多个消息（就像有人邀请你去打球，有人邀请你去看电影，有人邀请你去散步）；相同形式的消息可以送往不同的对象（有点像广播，大家都可以听到）；不同的对象对于形式相同的消息可以有不同的解释，能够做出不同的反应见图2-14（这是一个非常形象的例子）。对于传来的消息，对象可以返回相应的回答信息，但这种返回并不是必需的（好比老师要求同学们做什么，个别同学就当耳旁风，根本无动于衷）。

可以看到，面向对象方法学中的消息传递和处理与现实世界何其相似，甚至几乎一模一样。这就是计算机世界与客观世界的一致性。

3. 类与类库

类是面向对象程序设计方法学的核心概念之一。

Webster的《Third new international dictionary》将类定义为：由一些共同

图 2-14　不同对象对同一消息的不同反应

特征或一项共同特征所标识的一组、一群或一类，根据品质、资格或条件进行的分组、区分或分级。

面向对象方法学中的类是一类对象的抽象，它是将不同类型的数据和与这些数据相关的操作封装在一起，属于一个抽象的概念；而对象是某个类的实例，是一个具体的概念。类和对象的关系就是抽象与具体的关系。没有脱离对象的类，也没有不依赖于类的对象。因此，类和对象是密切相关的。

哦，这么说真不好理解！

典型地，“人”是一个抽象的概念，它表示一个类，具有所有人共同的属性和行为，比如说“人”有姓名、性别、年龄、身高、体重等属性，“人”有吃饭、睡觉、行走、谈恋爱、生儿育女等基本行为。“张三”是“人”这个类中的一个实例，是一个非常具体的对象。例如，我们不能说“人”的年龄是24岁，但可以说“张三”的年龄是24岁。以此类推，“车”是一个类，“张三的那辆奔驰车”就是车这个类的一个实例（对象）；“动物”是一个类，“李四家养的那只猫”就是动物类的一个实例（对象）。

值得一提的是，类对于问题分解是必要的（但不是充分的）。某些问题非常复杂，所以不太可能只通过单个类来描述。例如，一种相当高层的抽象、一个 GUI（图形用户界面）框架、一个数据库等在概念上都是独立的对象，但它们都不能被表示为一个单独的类。相反，最好是将这些问题抽象表示为一组类，这些类的实例互相协作，提供我们所期望的结构和功能。

有了类，就可以根据类来产生对象，若干个不同的对象就构成了一个程序。

那么“类库”又是一个什么样的概念呢?

客观世界的对象五花八门，人们可以抽象出各种各样的类。这些类不可能都是完全孤立的，相反，类和类之间有着“千丝万缕”的联系，这与哲学上所论述的“事物是相互联系的”是一致的。例如，我们可以抽象出“物质”“生物”“动物”“植物”“野生动物”“人”“狗”等类，你能说这些类之间没有关系吗？显然不能！

让我们考虑这样一些类：“花”“雏菊”“红玫瑰”“黄玫瑰”“花瓣”和“瓢虫”。不难发现：

“雏菊”是一种“花”；

“玫瑰”是另一种“花”；

“红玫瑰”和“黄玫瑰”都是一种“玫瑰”；

“花瓣”是这两种花的组成部分；

“瓢虫”会吃掉蚜虫等害虫，这些害虫会侵扰某些种类的“花”。

从这个简单的例子中我们可以得出结论，类像对象一样，也不是孤立存在的。对于一个特定的问题域，一些关键的抽象通常与各种有趣的方式联系在一起，形成了我们设计的类结构。

显然，类和类之间有着这样或那样的关系。首先，一种类关系可能表明某种类型的共享。例如，“雏菊”和“玫瑰”都是花，这意味着它们都有色彩鲜艳的花瓣，散发出芳香。其次，一种类关系可能表明某种语义上的联系。因此，我们说“红玫瑰”和“黄玫瑰”的相似度要大于“雏菊”和“玫瑰”，“雏菊”和“玫瑰”的关系比“花瓣”和“花”的关系更密切。类似地，“瓢虫”和“花”之间存在一种共生关系：“瓢虫”保护“花”免遭害虫侵袭，“花”为“瓢虫”提供了食物来源。

总的来说，存在 3 种基本的类关系。第 1 种关系是一般与特殊的关系，表示“是一种”关系。例如，玫瑰是一种花，这意味着玫瑰是一种特殊的

子类，而花是更一般的类；第二种关系是整体与部分的关系，表示“组成部分”关系。例如，花瓣不是一种花，它是花的一个部分。第三种关系是关联关系，表示某种语义上的依赖关系，如果没有这层关系，这些类就毫无关系了，如瓢虫和花之间的关系。再如，玫瑰和蜡烛基本上是独立的类，但它们都是可以用来装饰餐桌的东西。

在这些具体的关系之中，继承也许是语义上最有趣的，它代表了一般与特殊的关系。例如，“动物”与“哺乳动物”就是这样的关系。如果我们定义好了“动物”类，由于“哺乳动物”也是动物，具有动物的一般属性，因此，我们没有必要重新定义一个全新的“哺乳动物”类，只要在原来已经定义好的“动物”类的基础上做些修正或补充就可以了——这就是继承。通过继承，可以把很多类有机地联系起来，构建出一个类库。显然，通过不断的扩充，类库就会越来越庞大。图 2-15 就是一个简单的类库示意。

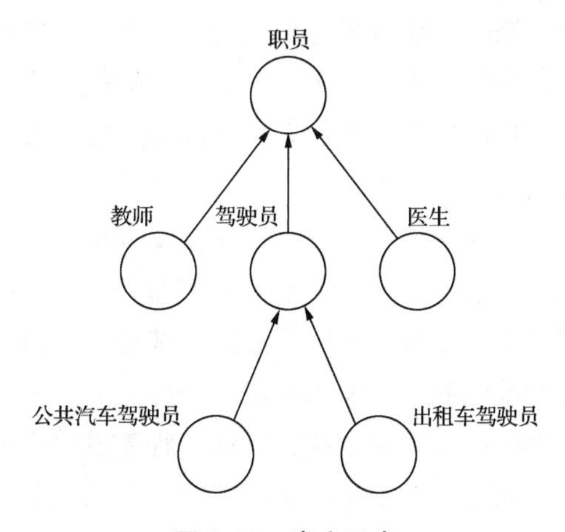

图 2-15 类库示意

4. 继承与发展

一个新类可以从现有的类中派生，这个过程称为类继承。新类继承了原来类的特性，新类称为原来类的派生类（子类），而原来类称为新类的基类（父类）。派生类可以从其基类那里继承方法和成员变量，当然也可以对之进行修改或增加新的方法使之更适合特殊的需要。这也体现了大自然中一般与特殊的关系。继承性很好地解决了软件的可重用性问题。

也许很多人看过金庸先生的名著《笑傲江湖》，华山派弟子令狐冲被师傅罚去思过崖思过练功，竟无意在洞中学到了多个教派的武功，而且得到了华山派前辈风清扬的真传，练就了“独孤九剑”，之后因救任我行，又糊里糊涂地学会了“吸星大法”，为去除“吸星大法”的毒害，少林寺方丈又授予“易筋经”……最后，在黑木崖上惨烈的较量中，不可一世的东方不败死了，任我行死了，岳不群死了，剩下的一代剑侠令狐冲独步武林、笑傲江湖！

令狐冲之所以成为武功盖世的一代天骄，是因为他继承了几大门派的顶尖武学，然后加以发展，并灵活运用。

想想程序设计领域，虽然电子计算机发展至今不过几十年，但已经有相当多的程序设计高手费尽心血写出了大量的、非常优秀的程序代码，可我们现在每写一个程序，差不多都是从零开始，几乎没有继承前人做过的工作（前人所写的程序代码），这是多么不可思议的事情啊！

是程序员不知道“站在巨人的肩膀上会看得更远”吗？是程序员不愿意继承前人的劳动成果吗？显然不是！确切地说是方法和技术问题。

现在面向对象方法学为人们提供了一套良好的技术机制，让我们既可以完全继承前人已有的程序代码，也可以在此基础上有所发展，也就是说你还可以修正或补充前人所做的工作。

现代程序设计语言既支持单继承，也支持多继承。单继承不难理解，就像武林弟子一样，只修本派武功，绝不偷学其他门派的功夫；而多继承呢？令狐冲就是个典型例子，他集几大门派的武学神功于一身。

理论上，通过继承机制，若能构建出一个庞大的、完全的类库，也就是说人们需要什么类都可以从类库中找到的话，程序设计也就完全不是今天的程序设计了，充其量就是一种程序“组装”技术了。就像如果各种零部件都可以轻易得到，我们自己稍加学习就能组装一台机器一样。

5. 程序及其执行

在面向对象程序方法学中，程序是一个什么样的概念呢？

从概念上来讲，其实很简单。程序就是若干个对象的集合。可用下面的简单式子来表示：

$$程序 = \{对象\}$$

至于集合里面到底包含多少个对象及哪些对象，要视具体的程序任务来定。当然，对象的数目肯定是有限的，不可能无限多的。

那么程序又是如何执行的呢？

宏观地描述，程序的执行过程也很简单。就是具有初始状态的对象集，

对象与对象之间发消息，对象响应消息，从而改变自己的状态，当对象集从初态演变成了终态，程序也就执行完了，如图 2–16 所示。

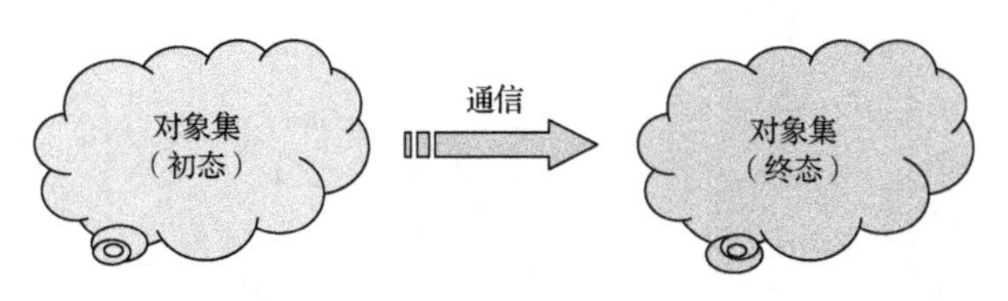

图 2–16　程序的执行过程

6. 面向对象程序设计

如果一个程序系统只有对象和消息两个概念，程序设计就是建立一个彼此能发消息的对象集合，我们说这就是面向对象程序设计。否则，除对象和消息外还有其他概念（如子程序、过程等），即使提供了对象描述机制（如 Ada 的程序包，modula-2 的模块），也只能说是基于对象的（based-object）程序设计。

面向对象程序设计（OOP）与其说是一门编码技术，不如说是一门代码的组装技术。它所研究的是代码的提供者（系统程序员）如何将一定的功能封装成软件 IC，再提交给代码的使用者（应用程序员）使用。面向对象程序设计与传统程序设计的本质区别是：前者比后者更强调代码提供者与使用者之间的关系。

那么面向对象程序设计到底怎么进行呢？大致上可分为如下几个步骤：

①针对问题域做面向对象分析，找出问题求解所需的各种相关对象与类。

②与系统提供的类库相匹配，找到已有类。有现成的类当然最好了。

③若无完全匹配的类，则从相近的类中派生出新的子类。然后进行修正与补充，使之与问题求解所需要的类相吻合。

④若既无相近的类，也无匹配的类，则只好设计新的类（新类也可以入库）。

⑤等所需的类都有了以后，给指定类发消息（赋初值），生成程序的对象集。

⑥给对象发消息，对象与对象之间发消息，完成计算。

整个过程可用图 2–17 来表示。很明显，面向对象程序设计方法学与面向过程程序设计方法学是有很大差异的。理解这样的程序设计思维对学习面

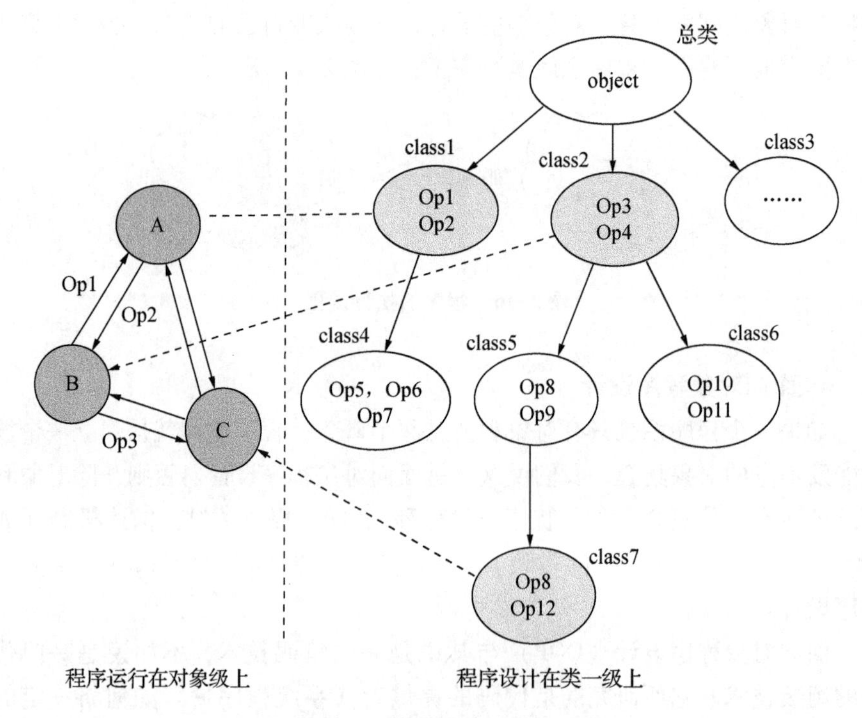

图 2–17　面向对象程序设计方法

向对象程序设计语言及从事软件开发是非常有帮助的。

7. 面向对象语言及其应用

最早引入对象概念的语言为 Simula-67，之后，Smalltalk-80 比较全面地体现了面向对象程序设计方法学的思想。但这两种语言都没有得到很好的推广与应用。真正得到大众普遍使用的是 C + +，尽管它不是纯面向对象语言。之外，Java、C # 等语言也各具特色，很受大众欢迎。限于篇幅，不一一介绍。

面向对象技术诞生以后，学术界给予了相当高的评价和极大的重视。由于面向对象技术对于软件工程学面临的困境和人工智能所遇到的障碍都是一个很有希望的突破口，所以 20 多年来面向对象技术的研究遍及计算机软硬件各个领域：面向对象语言、面向对象分析、面向对象程序设计、面向对象程序设计方法学、面向对象操作系统、面向对象数据库、面向对象软件开发环境、面向对象硬件支持……目前已经取得了丰硕成果。笔者认为，大家所熟知的面向对象技术应用得非常好的领域之一就是可视化的软件界面设计了。

最后，我们借用两句面向对象技术的先驱者的话来作为本节的结束语。Simula 的设计者 Kristen Nygard 说："编写程序就是去理解客观事物。一种新的语言提供了描述与理解客观事物的一个新的视角。"这就是他设计 Simula 的出发点。Smalltalk 的设计者 Alan Kay 讲得更简洁"客观现实就是面向对象的，所以我们也应当如此"。

第 5 节　时间与空间及其相互转换

所谓"时空"，指的是"时间"和"空间"。

时间是指宏观一切具有不停止的持续性和不可逆性的物质状态的各种变化过程，具有共同性质的连续事件度量的总称。"时"是对物质运动过程的描述，"间"是指人为的划分。时间是思维对物质运动过程的分割和划分。从物理学的角度来说，时间是事件发生到结束的时刻间隔（这里所讲的"时刻"我们平常称之为"时间"，所以从定义描述，讲"时间"是不恰当的，应称为"时刻"）。时间的本质是事件先后顺序或持续性的量度。那么空间呢？空间，英文名 space，是与时间相对的一种物质存在形式，表现为长度、宽度、高度。

计算机世界中"时间"和"空间"有其特定的含义——这里的"时间"通常指的是程序运行所需要的时间；这里的"空间"通常指的是程序和数据所占据的存储空间（通常指内存空间）的大小。

所谓"时空转换"，简单地说就是时间和空间的转换。也就是计算机科学中非常经典的概念——"以时间换空间，或者以空间换时间"。

时间和空间怎么转换？是不是有点不可思议。让我们从一个例子说起。

现在电脑已经非常普及了，小张家前年也买了一台台式机。平时没有事情做的时候，小张特爱玩游戏。现在的游戏做的也是越来越漂亮了，场景庞大、人物逼真、角色众多。小张特喜欢玩一些大型游戏，只要知道有新游戏推出，就会想办法弄来玩玩。游戏过程中，小张总感觉机器的运行速度有点赶不上，兴奋中难免有些遗憾和懊恼。一次，他和朋友聊天说起这事，有经验的朋友给他支了一招——要一两根内存条，扩充机子的内存空间，情况就会好很多。小张听后，立即买来内存条扩充内存，然后开机再玩同样的游戏软件，果然感觉机器的速度快多了，兴奋之情难以言表，甚至手舞足蹈起来。这就是典型的以空间换时间的问题。

反过来，有没有以时间换空间的例子呢？当然有，而且非常多！

早期计算机的内存空间非常有限，像 Apple Ⅱ整个内存寻址空间才有 64 K，也就是说满打满算才 64 K 内存（不可能再扩充了），还要留出不少空间给系统程序（如操作系统）使用，留给用户使用的空间就非常小了。要在这么小的空间里面做事情，就必须思考各种各样的办法，目的只有一个：那就是尽量节约存储空间。为了节约存储空间，有时候就不得不采取一些以牺牲程序运行时间、程序的可读性等为代价的办法，来换取存储空间上的不足。例如，过去经常采用的程序覆盖技术，就是一个典型例子，如图 2–18 所示。程序覆盖（overlapping）技术在系统程序中早已使用。用户观点的程序覆盖，一般是指在无虚拟存储的机器上，当用户程序大于实际存储空间时，为了使大程序得以运行所采取的手段。我们知道，程序在执行期间的某一时刻，只和当前模块有关，不可能与所有模块一起执行，因此，可以让某些暂时还不需要执行或操作的模块待在外存中，当它需要被执行或操作时才让它进入内存，从而达到高效使用内存空间的目的。

例如，某程序由若干个模块组成，其中 3 个模块 X，Y 和 Z 共享同一存储空间，如图 2–18 所示。该程序包含 7 个模块，其中包括 1 个主程序模块，

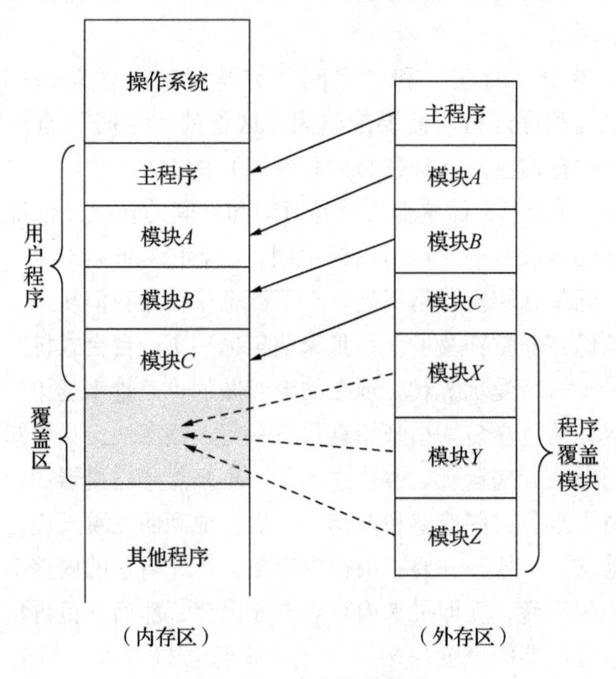

图 2–18　内存覆盖技术

3 个覆盖模块 X、Y、Z，其余为常驻模块。当程序执行需要模块 X 时，才把它调入覆盖区域运行；若执行完模块 X 后，接下来又要执行模块 Y，则把模块 Y 调入覆盖区，覆盖掉前面调入并执行过的模块 X，然后执行模块 Y，依此类推。这样，多余的模块在不在内存并不影响程序的执行。一个大的用户程序在外存上有完整的拷贝，执行中动态地向内存中一段一段地拷贝，直至整个应用程序执行完毕。这就是所谓的程序覆盖技术，它可以有效地利用并节省内存空间，从而可使较小的内存能运行较大的程序，这对大型软件的设计往往具有重要的意义。

显然，程序覆盖技术在时间换取空间上存在不足，时间效率上肯定有所牺牲。并且开发覆盖程序会给用户带来麻烦，好在虚拟存储技术能使这一过程自动进行，有兴趣的读者可进一步参考有关资料，在此不做更深入地介绍。

事实上，计算机世界的“时间”和“空间”是两个非常重要的概念，是衡量程序（算法）的两个重要的指标。理想情况下，我们希望一个程序运行速度非常快，占用的内存空间又非常小。但事实上，这在很多时候是不可能的，除非程序本身就很小、很小。通常情况下，希望一个程序运行速度快，恐怕就需要较大的存储空间；反之，如果想在较小的空间运行一个程序，恐怕就需要牺牲时间，也就是程序的运行速度就会变慢。这就有点像天平秤，这头压下去了，另一头就会抬起来；反之，也一样，如图 2-19 所示。

图 2-19　天平秤

计算机世界中的“时间”和“空间”的关系在现实生活中也有大量的体现，只要我们认真领会，就会发现科学与生活很多方面都有相通的地方。

例如，如果你对股票市场感兴趣，经常关注股市的动态（事实上股市走牛的时候，就有不少学生炒股），就不难看到类似下面的股评：

近段时间，大盘巨幅震荡，短线风险明显加大。尾市的打压与拉抬，凸显短线多、空分歧已经加大，调整必然会随之出现。

笔者认为，大盘如果能够顺利调整到2550点最好。但目前的盘面，似乎强势依然。市场仍然不缺少承接盘。

目前，大盘将面临时间与空间的转换。时间上，大盘或将在农业银行脱掉“绿鞋”，脚踏实地进入市场，或在光大银行申购资金解冻日附近。空间上，个人依然坚持2550点的观点不变。

现在，就看大盘是在“拖”时间，还是“赶”空间。“拖”时间，对散户来说，就如目前的天气，是煎熬；“赶”空间，是“长痛不如短痛”“快刀斩乱麻”——痛快！

逼空结束，千万莫再认为大盘依然会逼空突破2500点平台。不要认为现在是大牛市。现在不是牛市，也难言熊市。

震荡中，或许是你精选股票的最佳机会。

下面的股票走势图（图2-20）所反映的就是一个典型的以“时间换空间”的实例。该股票很长一段时间都在底部整理，“磨时间”，横盘了很久，然后开始拉升。股市里有句谚语：“横的越长，升得越高。”说的就是以比

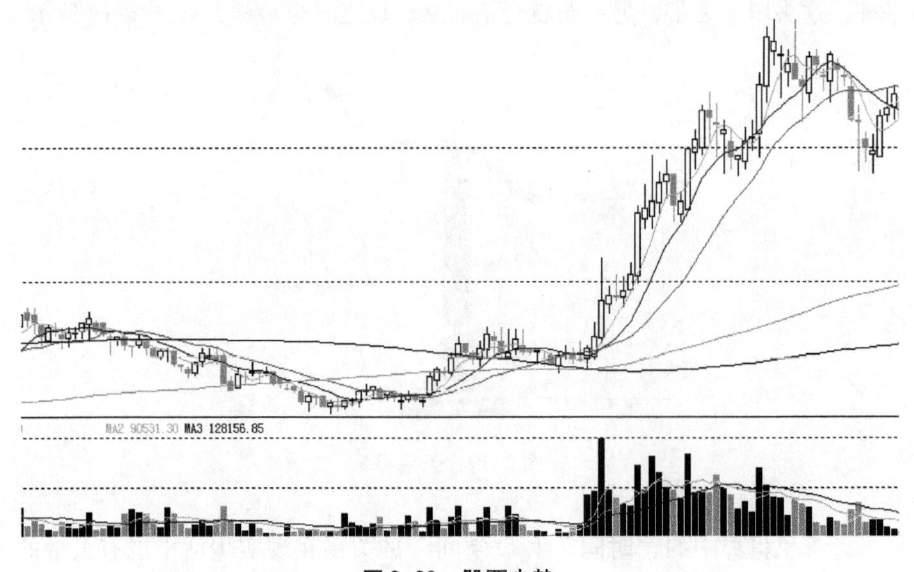

图2-20 股票走势

较长的“时间”换取空间上更大的“升幅”。股市里这样的例子比比皆是。

生活中类似的事例太多了。例如，学习上我们每一个人都从小开始积累知识和能力，经过漫长的锻炼，以获取工作方面乃至整个人生更大的“舞台和空间”。有了大的“舞台和空间”，你又能更加有效地发挥自己的潜能，做出于国于民更大的事业。再如，战场上也有以时间换空间或以空间换时间的案例。解放战争中，党中央审时度势，调集几十万子弟兵，分别跟国民党打了辽沈、淮海、平津“三大战役”，以巨大的作战“空间”换取了全国的迅速解放。

第 6 节　存储器及其多级存储体系

我们知道，冯·诺依曼计算机是建立在图灵机理论基础之上的，只是由于电子学及电子工业的迅速发展，早已经把控制器和运算器做在一起了（集成在一块集成电路上），通常称之为中央处理器（central processing unit，CPU）。因此，现代计算机的模型如图 2–21 所示。可以看出，如果不考虑输入、输出等设备，它与图灵机理论模型几乎是一模一样的。

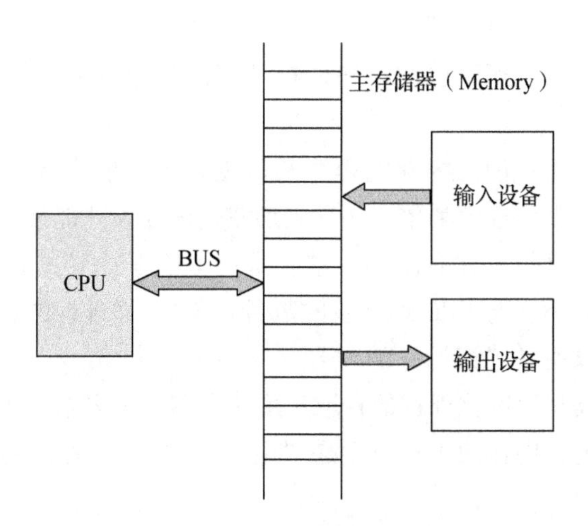

图 2–21　冯·诺依曼计算机示意

该模型的组成及其工作原理不在这里讨论，这里只关注其存储系统，它蕴含着哲学方法论层面上的一些思想和理念。

我们知道，存储器是计算机中具有记忆功能的部件，负责存储程序和数据，并根据控制命令提供这些数据。存储器分为主存储器和辅助存储器两大类。

主存储器简称主存或内存，在计算机工作时，整个处理过程中用到的数据都存放在内存中。一般我们说到的存储器，指的是计算机的内存。内存的容量一般比较小，存取速度快。内存又分为只读存储器（read only memory，ROM）和随机存取存储器（random access memory，RAM）。ROM 中的信息只能读出而不能随意写入，是厂家在制造时用特殊方法写入的，断电后其中的信息也不会丢失。RAM 允许随机地按任意指定地址的存储单元进行存取信息，在断电后 RAM 中的信息就会丢失。

辅助存储器简称辅存或外存，它是不能直接向中央处理器提供数据的各种存储设备。它主要用于同内存交换数据，即存放内存中难以容纳、但又是程序执行所需要的数据信息。常用做外存的有软盘、硬盘、光盘、优盘及磁带等。外存的容量一般比较大，存储成本低，存取速度较慢。

就存储程序和数据来说，内存和外存在功能上是没有多大差异的，之所以区分“内”和“外”，与各自所处的位置及与 CPU 的关系有关。内存和外存的相互联系、相互协作、相互弥补，共建了一个和谐、高效的存储系统。

当然，我们也必须明白内存和外存从不同的角度来看还是有很大差异的。例如：

①CPU 可以直接读写内存的程序与数据，却不能直接存取外存中的程序与数据。外存中的程序和数据必须先加载进内存，才能被 CPU 读取。

②内存的容量是非常有限的，这种限制取决于内存的价格，以及 CPU 的寻址空间的大小（与 CPU 地址线的数目有关）；而外存的容量可以是非常大的，甚至可以说是“海量”的。

③内存的读写速度比外存的存取速度快得多，两者根本不在一个数量级上。可以这么说，内存的读写速度是“电子级的”，而外存的速度基本上是“机械级的”。

④内存是电子设备，多为大规模集成电路（RAM 和 ROM）；而外存多半是机械设备，利用磁记录、光学原理等做成磁盘、磁带、硬盘、光盘等。

⑤从成本或费用的角度来说，单位存储容量的内存比外存高很多。

⑥从数据存储的持久性来说，存放在内存中的程序或数据，一旦掉电就全没了，所以内存只能临时存放程序或数据；而外存就不同了，它可以永久

存放程序和数据。

非常有意思的是，这两个速度、容量和价格等方面都不一样的存储器有机地结合起来形成了一个存储系统，该存储系统对于用户来说是透明的、一体的、完整的。从哲学的角度来说，该存储系统具有如下几个特点：

①内存与外存既相互独立，又相互联系。内存中存放着操作系统、应用程序和数据等，构建了程序运行所需的基本环境。外存以一种独立的文件系统来管理程序和数据。典型地，我们可以把一个存放着大量程序和数据的硬盘从一台计算机移到另一台计算机。但内存和外存又时刻保持着联系，交换着程序和数据，所以它们既独立，又相互联系。

②内存与外存相互作用，共建和谐的存储系统。内存和外存就像一对矛盾，一个容量小，一个容量大；一个速度快，一个速度慢；一个价格高，一个价格低。但这对矛盾“既对立，又统一”，相互协作，取长补短，形成了一个有机的存储系统。例如，外存容量很大，很好地弥补了内存的不足；内存中的数据不能长久保存，就转存到外存之中，等等。

③在一定的技术条件下，内存与外存还可以相互转化。利用虚拟化技术，人们可以把外存虚拟成内存，以获取更大的内存空间；反过来也一样，也可以把内存虚拟成外存，典型地，人们可以通过软件在内存中虚拟一个光盘驱动器，以便在没有安装光盘驱动器的机器上读取光盘里面的文件和数据。

按照冯·诺依曼存储程序思想设计的计算机，执行程序时，CPU 要不断地跟主存储器（内存）打交道，因为每一条指令都要从主存储器中读取，被处理的数据也要从主存储器中读取，计算后的结果还要存放到主存储器中。指令和数据通过总线（BUS）在 CPU 和主存储器之间流动，如图 2-22 所示。

这一切看起来似乎没有什么问题，其实不然。为什么呢？至少有 3 个问题需要认真考虑：一是 CPU 的工作频率比主存储器高得多，也就是说 CPU 比主存储器速度快，二者在速度上很不匹配；二是主存储器因价格昂贵容量非常有限（当然也与寻址空间有关）；三是主存储器中的程序和数据不能永久保存。

就第 1 个问题而言，快速而强大的 CPU 需要快速轻松地存取大量数据才能实现最优性能。如果 CPU 无法及时获得所需要的指令和数据，则只能不断地停下来等待指令和数据。这将浪费宝贵的 CPU 资源。如何解决这个

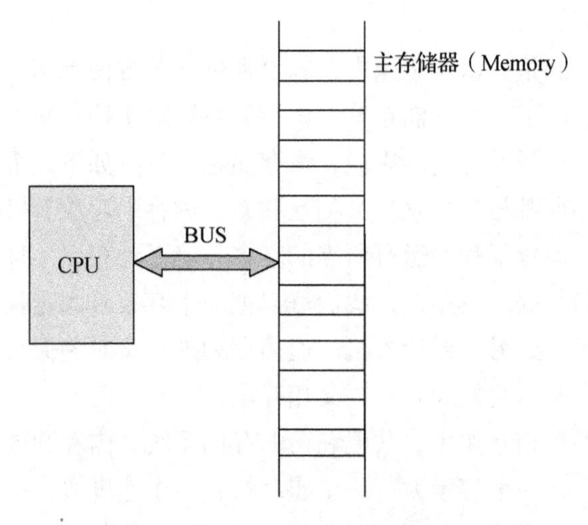

图 2-22　计算机核心模型

问题呢？降低 CPU 的工作频率显然是不现实的，那么提高主存储器的工作频率可行吗？也不现实，因为设计能够匹配 CPU 工作频率的存储器也许并非难事，但价格昂贵，费用方面人们负担不起！聪明的设计者在 CPU 和主存储器之间增设一级高速缓冲存储器（Cache），较好地解决了这个问题。什么是高速缓冲存储器后继内容将进一步介绍。

针对第 2 和第 3 个问题，解决的办法是增设辅助存储器，也就是外部存储器，简称外存。外存可以永久保存程序和数据，而且容量比主存储器大得多、价格也便宜得多。可以把暂时不用的程序和数据存放在外存之中，主存储器中只需存放当前正在运行的程序和正在处理的数据即可。这样也就解决了主存储器容量非常有限的问题。

这样一来，计算机系统的存储结构就能明显地分级了，体现出了非常明显的层次结构，如图 2-23 所示。

如前所述，由于主存储器（RAM）的工作速度比 CPU 慢得多，所以在 RAM 和 CPU 之间传输数据变成了 CPU 最耗时的操作之一。在 CPU 和主存之间添加高速缓冲存储器，可以在某种程度上解决这一问题。下面我们看看高速缓冲存储器是如何解决这一问题的。

高速缓冲存储器在任何时候都只是主存储器中一部分内容的拷贝（复制）。当 CPU 要存取主存储器中的指令或数据时，CPU 首先检查 Cache，如果 Cache 中有该指令或数据，CPU 就直接从 Cache 中读取；如果 Cache 里面

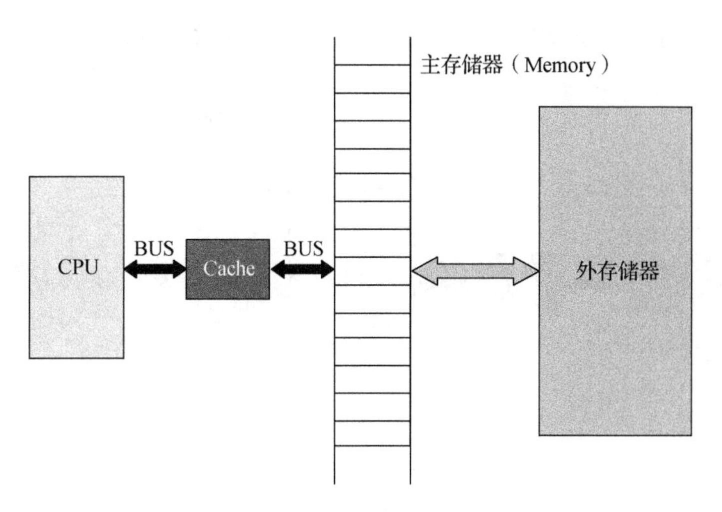

图 2-23　存储器分级示意

没有所需要的指令或数据，CPU 就从主存储器中将包含该指令或数据的一大块指令或数据复制到 Cache 中，再访问 Cache，读写指令或数据。这样就能提高运算速度吗？是的，计算机中的指令大部分是按顺序执行的（除转移指令外），很多数据也是按顺序存放和处理的（如数组），因此，CPU 下次要访问的指令或数据很有可能就在 Cache 之中，CPU 访问 Cache 即可。而 Cache 的存取速度比主存储器高很多，因而提高了整体的处理速度。

这种缓冲存储的例子，生活中到处都有，举个简单例子，大家就很容易理解了。过去家里没有自来水，家家都备有一个水缸，吃喝用水都从水缸里舀取。如果水缸里没水了，就去村外水井里挑水，直至把水缸装满。下次用水又从水缸里舀取。如果每次用水（哪怕喝一小口）都要去水井里取水，那将是多么不可思议的事情。但有了水缸，用水就方便、高效多了。在这里，水缸就是家用的 Cache，它能明显地提高人们的生活效率。类似的，家家备用的米缸也是同样的道理。

为了进一步改善存储系统的性能，人们还采取一些办法：一是在价格可以承受的情况下，扩大 Cache 的容量；二是把 Cache 分成一级 Cache 和二级 Cache，一级 Cache 位于 CPU 内，二级 Cache 位于 CPU 外。

如果仅仅就存储而言，CPU 内部的寄存器虽然数量少、容量小，但却是存取速度最快的。另外，如果外存的容量还不够大的话，还可以利用互联网，把数据和程序存放于容量巨大的网络之中，如网格存储、云存储。这样，就形成了一个分层次的、完整的存储系统，如图 2–24 所示。

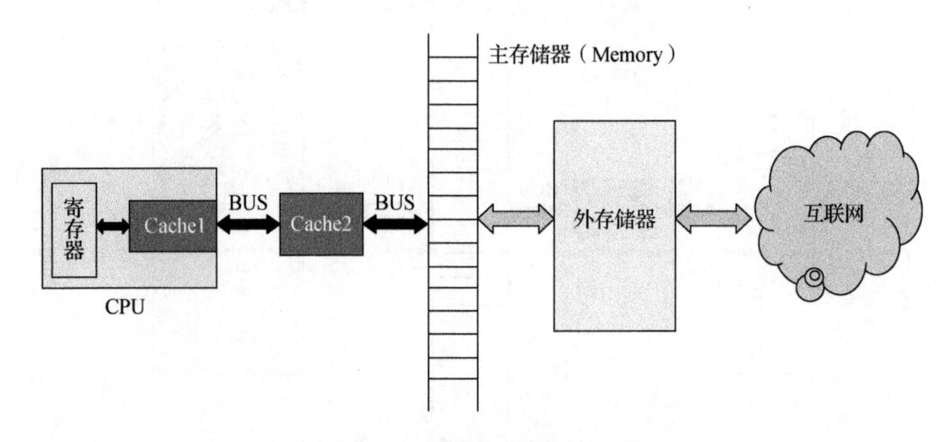

图 2–24　完整的分层存储系统

在图 2–25 中，不同的存储器互联在一起，形成了多层的存储系统。不同层级的存储器，在存取速度和存储容量上有着很大的差别（存取速度和容量值仅供参考，不同时期数据有较大的变化）：

①寄存器：速度最快，数量最少（几十个而已），容量最低。

②一级缓存（Cache1）：可以处理器速度进行访问（10 ns，4 MB ~ 16 MB）。

③二级缓存（Cache2）：SRAM 类型的存储器（20 ~ 30 ns，128 MB ~ 512 MB）。

④主存储器（内存）：RAM 类型的存储器（约 60 ns，1 GB ~ 4 GB）。

⑤硬盘（辅存，外存）：机械磁记录设备，较慢（约 12 ms，100 GB ~ 2 TB）。

⑥互联网：相对来说，速度极慢（秒级，容量在 PB 级及以上）。

这正是系统科学所认识到的，事物的质是由组成事物的要素的组合方式，即结构决定的。结构决定功能（有什么结构就有什么功能），功能决定结构（没有功能及功能负荷的结构，迟早要退化、解体）。任何系统要生存发展，就必须不断调整内部结构。能发挥最佳功能的结构就是理想结构。

第7节 串行与并行

所谓串行，简单地说就是事情要一件一件地做，饭要一口一口地吃。第一件事情还没有做完之前，不会开始做第二件事情。所谓并行，简单地说就是几件事情同时做，同时做的几件事情相互之间可以有关，也可以无关。

现实中，串行和并行对我们来说并不陌生。其实，我们每天都在串行、并行地工作和思考。这样的例子太多了。例如：

①一条山路很窄，部队行军通过时只能一个个通过，这就是串行。如果山路很宽，就可以列多个纵队同时通过，这就是并行。

②张山生病了，要去医院看医生。挂完号到门诊部时，发现排起了一条长龙，医生只能按顺序一个、一个地瞧病，张山需要等很长时间才能就诊。张山可不想傻站着干等，反正病情也无大碍，赶紧找些事情来做，以便打发时间。只见他从包里找出一本书和一个音乐播放器来，一边看书，一边听音乐，一边等待就诊，还时不时还跟周围的人说几句。在这里，医生看病是“串行”，张山候诊却是“并行”。

③当你手头有个繁重的重复性任务（如搬家），而周围又有多位相熟的朋友很悠闲时，那你肯定会招呼这帮朋友来帮忙以便更快地完成任务。朋友到后，你会安排张三搬桌子，李四搬柜子，王五搬书架什么的。然后大家分头行事。这就是并行！

……

计算机世界中的串行和并行，主要体现在两个方面：一是数据通信，可分为串行通信和并行通信；二是计算（问题求解），可分为串行计算和并行计算。

在数据通信方面，一般在信号传输时用到这个概念较多。计算机的网口、RS232、USB 接口等都是串行数据。打印机接口（非 USB 接口）很多都是并行的，计算机内部的数据总线也是并行的。

计算机系统的信息交换有两种方式：并行数据传输方式和串行数据传输方式。并行数据传输是以计算机的字长，通常是 8 位、16 位、32 位为传输单位，一次传送一个字长的数据。它适合于外部设备与 CPU 之间近距离的信息交换。在相同频率下，并行传输的效率是串行的几倍。但随着传输频率的提高，并行传输线中信号线与信号线之间的串扰越加明显，所以这也制约了并行通信传输频率的提高（达到 100 MHz 已经是很难了）。而串行通信则不然，信号线只有一根（或两根），数据是一位、一位顺序传送，没有串扰（或串扰不明显），所以传输频率可以进一步提高，足以在传输速度上超越并行通信。另外，串行传送的速度低，但传送的距离可以很长，因此串行适用于长距离而速度要求不高的场合。串行通信中，传输速率用每秒钟传送的位数来表示，称之为波特率（bit/s）。常用的标准波特率有 300 bit/s、600 bit/s、1200 bit/s、2400 bit/s、4800 bit/s、9600 bit/s 和 19200 bit/s 等。

在问题求解（计算）方面，如何计算取决于程序，而程序的执行有两种不同的方法：顺序执行（即串行计算）和并行计算。所谓顺序执行就是指程序中的程序段必须按照先后顺序来执行，也就是只有前面的程序段执行完了，后面的程序段才能执行。这种做法极大地浪费了 CPU 资源。例如，系统中有一个程序在等待 I/O 输入，那么 CPU 除了等待就不能做任何事情了。为了提高 CPU 的使用效率、支持多任务操作，人们提出了并行计算。

并行计算，是将一个计算任务分摊到多个处理器上并同时运行的计算方法。由于单个 CPU 的运行速度难以得到显著提高，所以计算机制造商试图将多个 CPU 联合起来使用。在巨型计算机上早已采用专用的多处理器设计，多台计算机通过网络互联而组成的并行工作站也在专业领域被广泛应用。台式机和笔记本电脑现在也已广泛地采用了双核或多核 CPU。双核 CPU 从外部看起来是一个 CPU，但是内部有两个运算核心，它们可以独立进行计算工作。在同时处理多个任务的时候，多核 CPU 可以自然地将不同的任务分配给不同的核。

实际上，并行是相当自然的思维方式。

设想有个程序由 5 个子任务组成，且每个子任务运行花费时间均为 100 s,则整个计算任务需要 500 s，如图 2-25 所示。

如果我们通过并行计算的方式以 2 倍和 4 倍来加速其中的第 2 个和第 4 个子任务，如图 2-26 所示。

那么程序运行总时间将由原来的 500 s 分别缩减至 400 s 和 350 s。但是，我们也应该看到，如果更多的子任务不能通过并行来加速。无论有多少个处理器核心可用，串行部分 300 s 的障碍都不会被打破。

上述最终表明，无论我们拥有多少处理器，都无法让程序非并行（串行）部分运行的更快。

最容易被并行化的计算任务称为“易并行”的或叫作“自然并行”，它

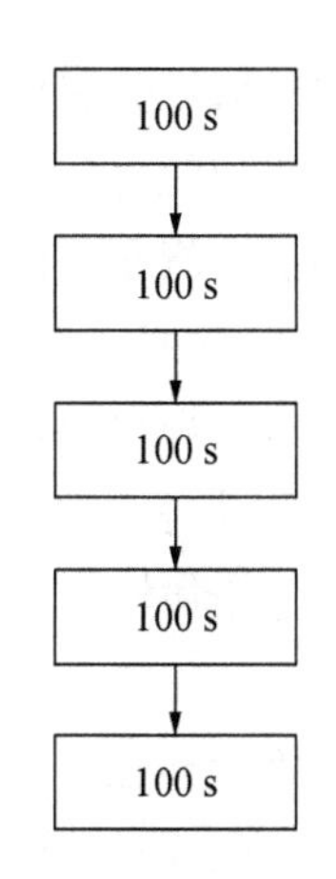

图 2–25　串行计算任务

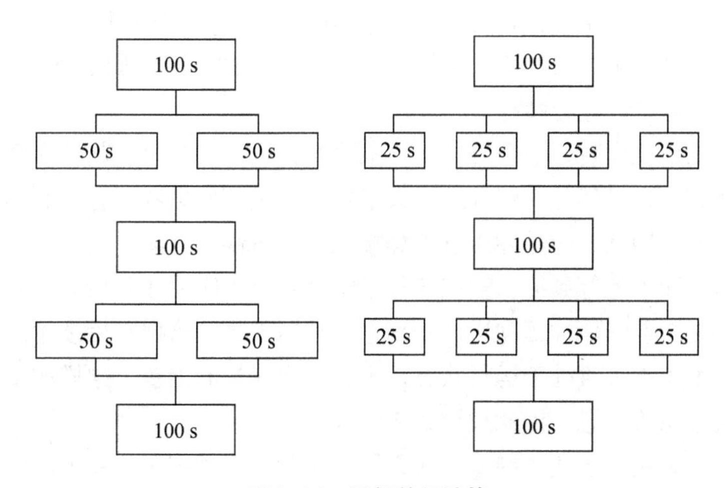

图 2–26　局部并行计算

可以直观地立即分解成为多个独立的部分，并同时执行计算。例如，将一个数组里的所有元素求和。我们可以先将数组分成两段，对每段各自求和，最后再把各自的结果相加即可。如果两段的大小划分得当，我们可以让双核CPU 的每个核的运算量相当，在数组规模很大时，总的运算速度比单核CPU 能提高接近 1 倍。但并不是所有程序都能够分解成这种效果。

回到现实世界，多数工作人员对于自己的工作没有一个清晰的思路，只是串行工作，依据时间顺序进行工作。而对于工作本身来说，并行也许更合适。如果对于工作也能够进行并行处理，那么效率可能就会更高。例如，首先根据工作的内容进行分类，然后根据分类内容进行排序，最后安排人员以并行的方式优先处理重要和紧急的问题。

让我们再看一个生活中的例子：汽车装配的工作方式。

假设装配一辆汽车需要 4 个步骤：①冲压：制作车身外壳和底盘等部件；②焊接：将冲压成形后的各部件焊接成车身；③涂装：将车身等主要部件清洗、化学处理、打磨、喷漆和烘干；④总装：将各部件（包括发动机和向外采购的零部件）组装成车。同时对应地需要冲压、焊接、涂装和总装 4 个工人。

原始的制造方式是这样的：负责冲压的工人先制作车身外壳和底盘等部件，然后交给负责焊接的工人将冲压成形后的各部件焊接成车身，再交给负责涂装的工人将车身等主要部件清洗、化学处理、打磨、喷漆和烘干，最后再交给负责总装的工人，将各部件（包括发动机和向外采购的零部件）组装成车。如此一来，每当前一辆汽车依次经过上述 4 个步骤装配完成之后，下一辆汽车才开始进行装配。

不久之后就发现，某个时段中一辆汽车在进行装配时，其他 3 个工人处于闲置状态，这显然是对资源的极大浪费！于是开始思考能有效利用资源的方法：在第 1 辆汽车经过冲压进入焊接工序的时候，立刻开始进行第 2 辆汽车的冲压，而不是等到第 1 辆汽车经过全部 4 个工序后才开始。之后的每一辆汽车都是在前一辆冲压完毕后立刻进入冲压工序，这样在后续生产中就能够保证 4 个工人一直处于运行状态，不会造成人员的闲置。这样的生产方式就好似流水川流不息，因此被称为流水线。

显然，采用流水线的制造方式，同一时刻有 4 辆汽车在装配，而未采用流水线的原始制造方式，同一时刻只有 1 辆汽车在装配。

事实上，从计算机 CPU 的内部工作方式上，也有指令级的流水线工作方式。我们知道，每条指令可以大致分为获取、解码、运算和结果的写入等多个步骤，采用流水线设计之后，指令（好比待装配的汽车）就可以连续不断地进行处理。在同一个较长的时间段内，拥有流水线设计的 CPU 能够处理更多的指令，机器的运算速度当然也就可以获得显著的提升。

不难看出，科学是相通的，计算思维既可以源于工作和生活，也可以指导工作和生活。

第8节　局部化与信息隐藏

一、局部化

辩证唯物主义认为，正确处理好全局与局部，也就是整体与部分的关系，对于科学地认识世界和改造世界具有重要意义。

整体是指事物的各内在要素相互联系构成的有机统一体及事物发展的全过程。部分是指组成有机统一体的各个方面、要素及发展全过程的某一阶段。全局是由局部构成的，但是，全局并不是局部的简单相加和组合，它统率局部，高于局部。

自然地，程序也有全局与局部之分。

程序中的局部化强调的是把某些数据及处理这些数据的程序代码尽量放在一起，形成一个模块。这样，即便这一部分需要变更或出现问题时，也容易管理和解决。这样的理念生活中处处都有。例如，一所学校的学生如果在校外到处租房子住而不是住在一起（校内），将会给学习和生活带来很多问题；反之，则容易管理。从整个国家的管理来说也一样，国务院下辖外交部、国防部、发展改革委、教育部、科技部、国家民委、公安部、国家安全部、监察部、民政部、司法部、财政部、国土资源部、铁道部、水利部、农业部、商务部、文化部、卫生部等几十个部委，各部委的职责分明，自己的问题自己解决。教学质量的提升应该由教育部负责，而不至于让外交部或国防部插手。

可见，局部化的概念与模块化近似，但没有分成模块也要局部化。例如，1000 个语句的程序用了 30 个 goto 语句来回转移，致使这 1000 句的程序在编译内部也无法分成较大模块。外部就是一块，很自然，它们所加工的数据应该是全局性的，即任何地方都可以引用，这种随处可见的数据难以测试和维护。因而即使是一个程序模块，也最好一部分、一部分的相对集中地加工数据。这样，数据虽是全局的，但控制仍力求局部，这会减少很多问题。

局部化最好的办法是分成模块。形式上分出显式的模块，自然就把问题局部化了。每个模块只在规定的渠道与其他模块通信。模块内部定义的许多量只和本模块有关，模块外无法访问。在这个意义上这些量就被模块屏蔽了，达到了数据隐藏的目的。例如，求一个组合数的 C 程序：

```
main( )
        {.........
           scanf( "% d,% d" ,&m,&n);
           comb = fact( m)/fact( n)/fact( m - n);
           printf( " (% d,% d) =% d" ,m,n,comb);
        }

     int fact( int k)
        {int f,L;
           f =1;
           L =k;
           do{
                f =f * L;
                L =L -1;
             }while( L = =1);
           return( f);
        }
```

k 是与外部通信的量。f 和 L 是局部量，主程序无法访问。函数 fact（）屏蔽了 f 和 L。因而，在函数过程中因某种原因修改 L，只局限于函数 fact（），对主程序（全局）没有影响。

为了减少模块间的耦合力要多使用局部量，少用全局量。全局量还会引起函数副作用之类的问题。

局部化是程序设计中的一个普遍原则，我们早已接受这种思想。例如，语言中循环控制变量的定义只在本循环内有效。每个程序段中声明的数据（公共声明除外），只对本段有效等等。这里只是说，要有意识地使程序模块化、局部化，从而达到可读、可识、易修改、易维护的目的。越是大程序越要重视这一点。

模块化的概念给每个程序设计者提出了一个基本问题：我们怎样分解一个软件解，以获得最好的模块组合？信息隐藏会回答这个问题。

二、信息隐藏

直观地理解，信息隐藏（information hiding）就是把某些信息隐藏起来，不让他人了解。

传统的信息隐藏起源于古老的隐写术。在古希腊战争中，为了安全地传送军事情报，奴隶主剃光奴隶的头发，将情报纹在奴隶的头皮上，待头发长起后再派出去传送消息。我国古代也早有以藏头诗、藏尾诗、漏格诗及绘画等形式，将要表达的意思和“密语”隐藏在诗文或画卷中的特定位置，一般人只注意诗或画的表面意境，而不会去注意或破解隐藏其中的密语。

程序设计中的信息隐藏原理认为模块设计决策的特征彼此是隐藏的。换句话说，模块应当有这样的规定和设计，就是包含在模块内的信息（过程和数据）对于其他不需要这些信息的模块是不可访问的。即通过信息隐藏，可以定义和实施对模块的过程细节和局部数据结构的存取限制。

信息隐藏的目的不仅仅是彼此是否可见的问题，更重要的是彼此是否可操作的问题。就像两个不同的单位，如果内部的所有情况都可以相互了解，而且一个单位可以随意“曝光”，或者插手另一个单位的内部事务，那将是一个什么样的情形？现实世界显然是不可能的。别说随意“插手”，就连单位周围都立起围墙，增设门卫，外人不得随意进入。

有效的模块化可以通过定义一组独立的模块来实现。这些独立的模块彼此之间仅仅交换那些为了完成系统功能所必需的信息。在测试及以后的维护期间，当需要对软件进行修改时，这样规定和设计的模块会带来极大的好处。因为绝大多数的数据和过程是软件其他部分不可访问的。因此，在修改中由于疏忽而引起的错误传播到其他部分的可能性极小。

信息隐藏原理在人与人之间相处时也有相同的意义。每个人都有自己的隐私，例如个人的年龄、家庭的财产、身体的健康状况等，这些隐私是不愿意让别人了解的。如果你由于好奇去打探别人的隐私，恐怕会使人家尴尬，也会给自己带来不便。严重时，就会影响人与人之间的关系。原来也许是好朋友，之后恐怕都不愿意在一起相处了。

第9节　精确、近似与模糊

计算机最让人乐道的莫过于其计算能力，也就是算得很快、算得很准。

这也正是人们对计算机最朴素的追求。

生活中，银行系统、财务管理、股市结算等都要求精确计算，“一分都不能差”，否则就要重新核对。军事领域的巡航导弹要求精确制导，以便精确打击，完成定点清除或“斩首”行动。科学计算领域就更不用说了，很多时候都要求得出一个精确解。

事实上，利用计算机技术求解问题，很多时候都能快速地获得精确解。

但是，现实生活中，很多时候我们并不需要“精确解”，只要一个“近似解”就可以了。例如，你到商场购物，第一次与某售货员打交道，也只是简单地咨询、交谈了几句，接触非常有限。购物完毕后，你径直回家了。也许过了若干天后，你才发现所购物品存在比较严重的质量问题，你决定返回商场找售货员交涉。通常，你很快就能从众多售货员中找出那位为你服务过的售货员。为什么呢？难道你精确地测量过那位售货员的身高、体重吗？仔细数过对方长了多少根眉毛吗？……显然没有，也完全不需要。你只是大概地记住了售货员的体貌特征，而不是精确的长相，这就是“近似解”。

类似这样的例子我们还可以举出很多。

既然，客观世界里面很多时候人们并不需要精确解，只提供近似解就可以了，那么利用计算机求解问题，也没有必要追求精确解。只要能满足人们的需要，提供一个近似解就可以了。

比如，理论上我们可以利用下面的公式求解 π 的值：

$$\frac{\pi}{4}=1-\frac{1}{3}+\frac{1}{5}-\frac{1}{7}+\frac{1}{9}-\cdots$$

不管是人工计算也罢，利用计算机求解也罢，都不可能按照上面的公式求出 π 的精确值。实际计算时，通常只要求精确到小数点后面多少位或最后一个累加项的绝对值小于某个很小的数就可以了。

由于事物类属划分的不分明而引起的判断上的不确定性是客观存在的。例如，健康人与不健康的人之间没有明确的划分，当判断某人是否属于“健康人”的时候，便可能没有确定的答案，这就是模糊性的一种表现。当一个概念不能用一个分明的集合来表达其外延的时候，便有某些对象在概念的正反两面之间处于亦此亦彼的形态，它们的类属划分便不分明了，呈现出模糊性，所以模糊性也就是概念外延的不分明性、事物对概念归属的亦此亦彼性。

不确定性实例很多。1927 年，海森堡在经过长期的探索后提出了测不

准原理。他对此原理的解释是：设想一个电子，要观测到它在某个时刻的位置，则须用波长较短、分辨性好的光子照射它，但光子有动量，它与波长成正比，故光子波长越短，光子动量越大，对电子动量的影响也越大；反之若提高对动量的测量精度，则须用波长较长的光子，而这又会引起位置不确定度的增加。因而不可能同时准确地测量一个微观粒子的动量和位置，原因是被测物体与测量仪器之间不可避免的发生了相互作用。

另一个不确定性实例也很经典。1967 年，国际上最权威科技期刊之一的《科学》上，发表了一篇划时代的论文，其标题为《英国的海岸线有多长？统计自相似性与分数维数》，成为现代数学的一大发现，即分形几何学的起始点。

文章作者曼德布罗说，海岸线弯弯曲曲极不规则。测量人员若乘飞机在万米高空飞行测量，则会遗失很多无法区分的小海湾；改乘小飞机在低空测量，因看清了许多高空看不到的细部，长度将大超前者。在地面上测量则不会忽略小海湾，若以公里为测量单位，却会忽略几百米的弯曲；若单位改为 1 米，上述弯曲都可计入，结果将继续增大，但仍有几厘米、几十厘米的弯曲被忽略。

据此，曼德布罗给出了一个令人惊奇的答案：海岸线长度无论怎么做都得不到准确答案！其长度依赖于测量时所用尺度。

模糊性是指事物本身的概念不清楚，本质上没有确切的定义，在量上没有确定界限的一种客观属性。在工程实际结构中，模糊性主要表现为：设计目标和约束条件的模糊性、载荷与环境因素的模糊性及设计准则的模糊性。模糊性广泛存在于结构的材料特性、几何特征、载荷及边界条件等方面。现在家庭生活中所使用的冰箱、洗衣机不少都采用了模糊控制技术。

在研究系统或问题的不确定性现象中，除了模糊性还有随机性。随机性是由于条件不充分而导致的结果的不确定性，它反映了因果律的破缺；模糊性所反映的是排中律的破缺。随机性现象可用概率论的数学方法加以处理，模糊性现象则需要运用模糊数学。

第 10 节 折中与中庸之道

让我们先看一个笑话。

一对恋人谈论着结婚的事。女的坚持说，婚后要拥有一辆新型的鹿牌小轿车；男的表示，经济能力不许可。不过他提出折中的方法说：“亲爱的，你可喜欢乘坐一种比鹿牌小轿车的马力大得多，另有司机驾驶的汽车?”女的连忙说：“那很好!”男的高兴极了：“一言为定，我们婚后乘公共汽车。”

那么，什么是折中呢?

一般来说，折中是指调和各方面的意见使之适中。例如，你到商场购物，看中了一件漂亮的衣服，标价1000元，很想买下来。售货员同意打8折出售，而你还价600元。双方讨价还价，对方降一点，你加一点，最后700元成交。这就是一个折中的处理办法。

第二次世界大战后，美苏关系急剧冷却。当时苏联军事力量迅速发展，同时保密制度极为严格。美国情报机关把收集苏联情报作为首要任务。美空军认为，以喷气发动机为动力的高空光学摄影侦察机非常适合于侦察苏联目标。高空侦察机航程远、巡航高度高、载重较大，能够携带大量侦察设备深入苏联广阔的领空进行侦察。巡航高度高能使飞机上的光学照相机覆盖更大的地表面积，更重要的是能躲开敌人导弹、战斗机的拦截。为了获得苏联、中国等国的情报，为此美国洛克希德公司著名的专责机密项目的鼬鼠工厂开始了高空侦察机的研制，由此，U-2高空侦察机诞生了。由于U-2侦察机的飞行高度让人叹为观止，所以也被洛克希德的工程师们起了“天使”的昵称。在总体设计过程中，凯利·约翰逊遇到了难题，即如何在油箱容量和机体重量这两方面找到合适的平衡点。为了能够执行长距离的飞行任务，U-2不得不携带大量的航空燃料，但由此增加的重量却让它不能飞到规定的安全高度。所以在U-2最初型号的设计中，约翰逊不得不对机体进行大规模的减重，一些暂时还用不上的设备在设计中被去掉，一些设备的功能也被简化。例如，安装在U-2侦察机上的驾驶员座椅最初没有安装高度调节装置，如果由身材矮的飞行员驾驶飞机，就不得不在座椅上垫羊毛毯来增加高度。这种设计理念就是折中。

打开词典，里面对折中主义的解释是：“一种把根本对立的立场、观点、理论等无原则地加以调和（或）拼凑在一起的哲学思想。”它把矛盾双方等同或调和起来，不分主次，不分是非，不要斗争。

其实，折中主义（eclecticism）是一种哲学术语，源于希腊文，意为“选择的”“有选择能力的”。后来，人们用这一术语来表示那些既认同某一学派的学说，又接受其他学派的某些观点，表现出折中主义特点的哲学家及其观点。它把各种不同的观点无原则地拼凑在一起，没有自己独立的见解和

固定的立场，只把各种不同的思潮、理论，无原则地、机械地拼凑在一起的思维方式，是形而上学思维方式的一种表现形式，它的应用领域十分广泛。

那么，计算思维里面讨论折中有什么特定的意义吗？当然！

早在 1991 年，美国计算机学会（Association for Computing Machinery，ACM）和美国电气与电子工程师学会计算机分会（Institute of Electrical and Electronics Engineers-Computer Society，IEEE-CS）联合推出的一个报告（computing as a discipline，简称 CC1991）就把折中与结论、抽象层次、效率、演化、重用等作为计算学科的 12 个核心概念，可见它非同一般。

计算学科里讨论的折中指的是为满足系统的可实施性，而对系统设计中的技术、方案所作出的一种合理的取舍。结论是折中的结论，即选择一种方案代替另一种方案所产生的技术、经济、文化及其他方面的影响。

折中是存在于计算学科领域各层次上的基本事实。例如，在算法设计与研究中，就要考虑空间和时间的折中（过分地追求时间效率，就要损害空间效率，反之也一样）；在设计系统时，对于矛盾的设计目标，要考虑诸如易用性和完备性、灵活性和简单性、低成本和高可靠性、算法的效率与可读性等方面所采取的折中等。

这是不是有点中庸之道的意思？

词典上对中庸之道的解释是：儒家的一种伦理思想。中指不偏不倚；庸指平常。中庸指无过无不及的态度，即是调和折中的态度。中庸之道：不偏不倚，无过无不及。折中主义：是把肯定和否定同等看待，是一种模棱两可的思想。

审视中国文化，竟然把道、儒两家不同的哲学观巧妙地结合起来，融成一体，并因此成就了中国人性格的两面性。中华民族天生是善于“和稀泥”的民族，我们有本事把矛盾的事物中和甚至化为相辅相成的事物。

中庸思想认为，人生在世必须讲究温柔敦厚，不要尖刻偏锋，行事不偏不倚，如何在理想与现实之间取得调和，在“动”“静”之间达到和谐均衡，进而使自己成为健康、快乐、正常的人。许多事理，存乎自身一念之间，如果自己领会惜福感恩，善自为谋，取舍之间能达观随缘，则必善莫大焉。难得糊涂，也成了做人处世的准则。

在中国人看来，花看半开最富情趣，酒饮微醉最具意味。能爱好人生而不过度沉迷俗务；能察觉尘世的成败空虚而不作无谓的悲伤慨叹；能超脱人生境地而不仇视人生的贫富，都是中庸修持的根本。

总之，中庸之道要求凡事都要恰到好处，适可而止，且要留一点余地。即便文艺创作，最高境界也是追求那种介乎“有我”和“无我”之间。中庸不是平庸，所以绝非因陋就简，当然更不能随俗浮沉。真正的中庸，讲究凡事都要合理，同时做任何事情都有一个限度，如果超越了限度就不好了，哪怕是好事也会因此而变成坏事；做事情做得过了头还不如做好，这就是“过犹不及”。

回到计算机世界，让我们再看一个实际的例子。

为了省钱和满意，很多人都有过“攒机”的经历，也就是自己买零配件组装一台计算机。实施计划前，心中琢磨了老半天配置标准：主频多高的CPU、容量多大的内存和硬盘、什么样的主板和显示器等，甚至一定要市场上主频最高的 CPU，以求最快的运行速度。殊不知，计算机系统是一个整体，相互之间“协调”才是最好的。就拿运行速度来说，CPU 的主频很高，内存、总线、硬盘的工作频率和速度上不去，最终整个系统的速度不可能有太大的改善。这就像公路系统，尽管到处都是高速公路，但关键的交通枢纽处却有一小段窄小的泥巴路，你说整个交通系统能高效地运转吗？所以，“攒机”的时候，不能片面地强调某一个指标，使各部件“协调”“均衡”才是最重要的。

折中与中庸之道是一种具有普遍意义的优化决策之道，广泛适用于日常生活、经济活动、工程设计，乃至治国安邦等。例如，在管理中，如果企业的管理太全、太细，势必给员工一种“大而烦”的感觉，高明的老板应该用一点中庸之道，精确分析员工的工作内容和特点，然后进行适度的、个性化的管理，这才是员工容易理解和接受的管理。

科学和生活在方法论上有很多相通的地方。不妨看看这么一个案例——早上开车上班，有人发现一辆小皮卡在车流中间穿来穿去，动作极其灵活，可以想象这个驾驶员技术非常高超。不过非常不幸，因为车速太急，和一辆私家车发生了刮擦，停在路边等待交警处理。这辆小皮卡司机的目的是为了开快车节省时间，结果却恰得其反。

第3章

论计算思维教育

“不要告诉我世界是什么样的，告诉我如何创造世界。”

——题记

计算思维与计算思维教育是两个既相关又不同的概念。计算思维教育涉及教育者、被教育者、教学理念、教学内容、教学方法、教学手段等。

每一个大学生，乃至每一个人，都应该学习并掌握“计算思维”。对此，几乎都达成了共识。

第1节 计算思维教育现状及其反思

一、计算机基础教育演化

计算机的出现大幅促进了信息技术的推广和应用，高校作为知识传承、知识创造的重要阵地，必然会重视计算机领域的知识传播和开发应用，开展计算机教育特别是具有通识性质的计算机基础教育也必然会成为高校教学内容和课程体系的重要组成部分。从20个世纪80年代开始，我国的各个高校就相继开展了计算机基础教育，经过多年的不断改革和调整，已取得了令人瞩目的成就。经过整理和分析，将我国的大学计算机基础教育分为4个发展阶段①，即起步阶段、普及阶段、高速发展阶段、以“计算思维”为核心的深化改革阶段，这4个阶段特征可以通过表3-1体现出来。

表3-1 我国大学计算机基础教育沿革

历程（时间）	主要特征	主要课程或教学内容	标志事件
起步阶段（20世纪80年代）	①部分高校开设；②面向计算机专业为主；③数据计算为主要内容；④提出开展“大学计算机基础教育”	BASIC语言	1983年，在山东泰安召开第一届全国高校计算机基础教育研讨会；1984年，全国高等院校计算机基础教育研究会成立

① 杨建磊．关于我国大学计算机基础课程教学中“计算思维能力培养”的研究［D］．兰州：兰州大学，2014.

续表

历程（时间）	主要特征	主要课程或教学内容	标志事件
普及阶段（20世纪90年代）	①高校的计算机教育由理工科逐渐扩展到农林、经济、师范、医学、体育、艺术等其他专业； ②计算机基础课程作为新生入学要必修的公共课程； ③采用“计算机文化基础—计算机技术基础—计算机应用基础”3个层次的课程体系； ④全国性的高等学校计算机基础教育学术研究机构和组织相继成立	BASIC语言、Pascal、Fortron、C语言，以及“计算机文化基础”“计算机硬件基础”“计算机软件基础”“数据库技术与应用基础”“程序设计基础”等课程	1997年，我国教育部高等教育司发布了《加强非计算机专业基础教学工作的几点意见》
高速发展阶段（20世纪初）	①计算机教育与专业教育相结合； ②逐步形成了以“大学计算机文化基础”为核心，其他课程为补充的大学计算机基础分类分层课程教学体系； ③注重“知识”和“技能”并重； ④教学实行“大班授课”； ⑤“灌输式”的教学方式与学生的被动学习	Windows系统的操作、常用办公软件的使用（Word文字处理、Excel电子表格处理、PowerPoint演示文稿制作，以及简单数据库的创建与操作等）、简单程序的编写与调试、Internet的使用和网页制作等	2006年高等学校计算机科学与技术教学指导委员会编写了《关于进一步加强高等学校计算机基础教学的意见暨计算机基础课程教学基本要求》（也称“白皮书”）

续表

历程（时间）	主要特征	主要课程或教学内容	标志事件
深化改革阶段（2006年以后）	①“计算思维能力培养”成为教学改革目标要求；②注重培养学生运用计算学科的思维方式来解决本专业问题的能力；③重构教学内容体系，提出新的计算机基础课程教学基本要求；④编写了以计算思维能力培养为导向的教材；⑤采用MOOC、SPOC等教学方式	计算模型、信息与社会、计算机系统、计算机网络、数据组织与管理、多媒体信息处理、数值计算、分析与决策、系统开发等①	①2008年，高等学校计算机教育研究会在桂林举办了关于“计算思维与计算机导论”的专题研讨会；②2009年，高等学校计算机科学与技术教学指导委员会公布了《高等学校计算机基础教学发展战略研究报告暨计算机基础课程教学基本要求》；③2010年高等学校计算机基础课程教学指导委员会在西安会议上发布了《九校联盟计算机基础教学发展战略联合声明》

应该说，大学计算机基础作为高等院校通识教育的基础课，在20多年的发展中，中国计算机教育已经取得了巨大的发展，几乎所有的高等院校都开设了相应的计算机教育课程，几乎所有的毕业生都具备了一定的计算机应用能力。但是，在计算机教育繁荣的表象之下也隐藏着让人忧虑的深层问题，即计算机教育日益沦为一种工具理性至上的机械式训练，无论是教育主体还是教育对象都只是这种科学技术的一种对应物，人之为人的丰富情感、人文精神在这里缺失了。从而忽视了一个最基本的事实，即科学是价值的载体。科学作为“真”的表现，事实上是永远和“善”联系在一起的，否则，

① 教育部高等学校大学计算机课程教学指导委员会．计算思维教学改革白皮书［Z］．哈尔滨，2013年7月．

人类长期以来不断地追求科学的意义将会丧失。

二、计算思维教育的引入与现状

在今天的信息社会生活中，基于计算机而出现的社会现象无处不在，如大数据、云计算、互联网等社会热词正日益影响着我们生活的各个领域，使我们传统的工作、学习和生活及思维方式都发生了深刻变化。2016年，谷歌旗下DeepMind公司研发的围棋程序AlphaGo以4∶1的比分击败了韩国九段棋手李世石，很好地诠释了计算机程序具有深度学习的能力，而不再如原来IBM公司的“深蓝”计算机依靠惊人计算能力取胜，这意味着计算机技术正日益接近拥有高级智慧的人类。2006年，美国卡内基·梅隆大学周以真教授首次提出“计算思维”这一概念，这预示着，计算机已从最初作为人们使用的计算工具逐渐成为一种影响人类思维方式、思维习惯和思维能力的泛社会存在形态。教育作为培养人的社会活动，担负着促进学习者个性发展、成人成才的重要职责，必须顺应当前信息社会背景下人的计算思维素养形成的要求，积极主动地将其作为一种核心素养予以培养①。

目前，计算思维是国际计算机界广为关注的一个重要概念，也是计算机教育（信息技术课程）重点关注的对象。2005年6月美国总统信息技术咨询委员会（PITAC）提交了一份题为《计算科学：确保美国的竞争力》的报告，报告认为，21世纪科学上最重要、经济上最有前途的研究都有可能通过熟练掌握先进的计算技术和运用计算科学而得以解决，因而建议将计算科学长期置于美国科技领域的中心地位。这份报告让不少国家认识到了计算科学对于本国科技和经济发展的重要性。同时，美国国家科学基金会（NSF）也建议全面改革美国的计算教育，确保美国的国际竞争力，并在2008年启动了一个涉及所有学科的以计算思维为核心的国家重大科学研究计划（cyber-enable discovery and innovation，CDI）。它主要包括：一是，强调在计算机导论课中融入计算思维基础知识，以便形成学生的计算思维素质；二是，强调计算思维是一个工具，是解决所有课程问题的工具，并不只针对计算机基础课程；三是，强调将计算思维相关理论拓展应用到美国各个研究领域，即开展一项以计算思维为核心的涉及所有学科的教学改革计划；

① 秦福利，唐培和，李兴琼．计算思维：学生基本素养的时代诉求［J］．高教论坛，2017（11）：40－43，77.

四是，强调各阶段学校应注重培养教师和学生的计算思维能力，以期借助计算思维的思想和方法促进美国自然科学、工程技术领域的发展。英国计算机学会（British Computer Society，BCS）也组织了欧洲的专家学者对计算思维进行研讨，提出了欧洲的行动纲领。另外，欧美不少大学，如美国卡内基梅隆大学、英国爱丁堡大学等率先开展了关于计算思维的课程，以期培养学生的计算思维能力。同时不少大学还在各学科学术会上，认真地探讨了将计算思维应用到物理、生物、医学、教育等不同领域的学术和技术问题。2017年7月，首届以计算思维教育为主题的国际性会议（International Conference on Computational Thinking Education 2017，CTE2017）在香港教育大学召开，来自全球的教育者和研究者分享了在不同教育语境下系统进行计算思维教育的实践研究经验。[①] 正是欧美国家和地区对计算思维相关理论积极推广，才使得计算思维得到了国际大多数教育家们的普遍关注。

2010年，北大、清华等9所985大学在西安，提出了计算机基础教学发展战略联合声明，提出计算思维能力的培养作为计算机基础教育的核心任务，培养复合型创新人才的一个重要内容就是要潜移默化地使他们养成一种新的思维方式：运用计算机科学的基础概念对问题进行求解、系统设计和行为理解，即建立计算思维。陈国良院士认为[②]，计算思维能力培养是大学通识教育的重要组成部分，计算机不仅为不同专业提供了解决专业问题的有效方法和手段，而且提供了一种独特的处理问题的思维方式。计算机及互联网提供了极其丰富的信息和知识资源，为人们终生学习创造了广阔的空间及良好的学习工具。教育部高等学校计算机基础课程教学指导委员会提出了计算机基础教学的4个方面的能力培养目标，即对计算机的认知能力、应用计算机解决问题的能力、基于网络的学习能力、依托信息技术的共处能力。目前，以抽象、算法和大规模数据为特征的计算思维教育在大学非计算机专业本科生中得以广泛开展，不少高校从教学内容、实验设计、教学资源、课程考核标准等方面开展了基于计算思维的大学计算机基础课程的改革；另外，计算思维教育还促进了计算机科学与其他学科的整合，提升了大学生利用信息技术解决其他专业问题的能力。

---

① 陈鹏，黄荣怀，梁跃，等．如何培养计算思维：基于2006—2016年研究文献及最新国际会议论文［J］．现代远程教育研究，2018（1）：98－108.

② 陈国良．计算思维：大学计算教育的振兴，科学工程研究的创新［R］．2011（第八届）CCF中国计算机大会报告，深圳，2011.

需要指出的是，关于计算思维在计算机基础课程教学当中应用的研究还处于初级阶段，从目前查到的文献来看，只有极少数学者做了系统的教学模式的研究，而大多数的学者还是将计算思维的一些理论和方法作为建议引入到课堂中。计算思维到底是什么，如何将计算思维能力培养落地，讲什么，如何讲用，什么样的知识、理论、技术充实到大学计算机基础课程教学中，编写什么的教材等问题都处于探索之中。以教材为例，笔者通过“读秀学术搜索”检索发现，冠以“计算思维”为关键词的教材，自 2011 年开始出现，其后逐年增加，到 2015 年达到 25 本的最高出版值，详见表 3-2。

表 3-2　2011—2017 年“计算思维”方面教材出版情况

年份	2011 年	2012 年	2013 年	2014 年	2015 年	2016 年	2017 年
教材数/本	1	3	9	23	25	19	18

通过分析发现，总计的 98 本教材教学内容可谓五花八门，归纳一下大致可以分成四类：一是，教材内容体系仍然是原来以计算机基础理论 + 计算机操作方面的内容，仅是将教材名称改为《计算思维与大学计算机基础》或《面向计算思维的大学计算机基础》；二是，教材内容体系中引入了计算思维的有关理论、思想，但在教材内容的设计与安排上不能将具体的计算机领域的知识、技能与计算思维理念相融合；三是，教材内容以计算机学科知识体系为主，偏向计算机类专业教育；四是，教材内容体系能够将计算思维与原来传统的计算机基础课程教学要求有机结合，使教材内容较好地服务于计算思维能力培养，但这部分教材较少。简言之，在如此之多的教材当中，大概以 4 种形态存在，即工具模式、分离模式、学科模式、计算思维模式（表 3-3）。可见，计算思维教育无论在定位、内容、方法，还是在考核方面远未达到共识。

表 3-3　基于计算思维的大学计算机基础课程不同教材编写内容概况

教材形态	教材编写内容	备注
工具模式	主要包括计算机基础、计算思维基础、Windows 7 操作系统、文字处理软件 Word 2010、电子表格软件 Excel 2010、演示文稿制作软件 PowerPoint 2010、数据结构与算法等	

续表

教材形态	教材编写内容	备注
分离模式	主要包括计算机工作原理及应用，问题求解的算法基础，计算机网络及 Internet，Web 与信息检索，信息系统与电子商务，数据库、数据挖掘与大数据，并行、分布式与云计算，信息安全与隐私保护等	
学科模式	主要包括计算机的诞生与发展、计算机系统、办公软件 Office、计算机网络、多媒体技术与应用、计算思维的基本概念、问题求解与计算机程序、算法设计、程序设计等	
计算思维模式	主要包括计算与计算思维、充满智慧与挑战的计算理论（技术）基础、计算思维之方法学、计算思维之算法基础、面向计算之问题求解思想与方法、计算思维之程序基础、基于计算之问题求解思想与方法、从“计算”到“文化”等	

很明显，计算思维教育内容出现如此大的差异源于不同教材编写者对于计算思维定义、内涵的不同理解，其根源在于对计算思维的概念没有达到共识，造成计算思维教育内容的边界模糊，在教学内容选择上出现大相径庭。客观地讲，2006 年周以真教授首次正式提出计算思维定义时，认为计算思维是通过使用计算机科学的基础概念解决问题、设计系统和理解人类行为等涵盖计算机科学之广度的一系列思维活动。这个定义过于宽泛，对计算思维的内涵界定不够明确，致使计算思维的教育内容各不相同。尽管周以真教授在 2008 年补充解读了计算思维的本质，推出了针对 K-12 教育阶段的操作性定义，但计算思维教育内容体系仍有待明确。现有研究中计算思维教育内容有计算的基础知识和概念、程序的基础知识、计算思维的核心概念和过程要素、抽象、伟大的计算原理等，表现出视角不同、内容各异、层次不一、交叠重复等特征[①]。

三、计算思维教育反思

前面我们从计算机基础教育的演化出发，详细分析、讨论了计算机基础

① 刘敏娜，张倩苇．国外计算思维教育研究进展［J］．开放教育研究，2018（1）：41－50.

教育及计算思维教育的发展与现状。这里笔者想就计算思维教育存在的问题进行认真的反思，以期提高读者对计算思维教育的认知。

必须说明的是，这里不再就什么是计算思维、计算思维教育到底应该怎么做等问题进行反思，因为这方面的内容前面已经做了详尽的讨论。我们打算依据高等教育应有的目标和价值观来反思现有的计算思维教育，看看到底还存在哪些问题需要改进。

另外，不管教师还是学生，都进行了大量的课程教学与学习，也都取得了一定的成效，这是基本事实，计算机基础教育或计算思维教育自然也不例外。但仔细斟酌，可以发现这些课程总给人这样一种感觉：用概念解释概念、用现象解释现象、用趋势解释趋势，不学则已，一学就乱，上课时听得热血沸腾，回到现实却发现根本没法应用。于是，学生难免心生困惑：上很多课，学这么多，为什么还解决不了实际问题呢？

（一）知识、技术与洞见

斯坦福大学华裔物理学教授张首晟讲了一个故事，让人豁然开朗：当年，拿破仑和普鲁士的战争结束之后，欧洲出现了两部兵书。一部是法国人约米尼写的《战争艺术》，这本书总结了拿破仑战胜的经验，大谈特谈拿破仑的炮兵战术。当时的欧洲，都很崇拜拿破仑，该书一时洛阳纸贵。另一部是战败国德国一个叫克劳塞维茨的人写的，名字叫《战争论》，这本书没有分析任何当时具体的军事技术，而是分析了战争的本质。但由于当时德国是战败国，该书无人问津。今天，稍微了解一点军事史的人就知道，《战争论》是人类最伟大的军事著作之一，今天的军事家们依然在学习。例如，众所周知的“战争是政治的延续！”这句名言就出自这本书。而约米尼和他的名字，则被埋没在了烟尘中，因为再也没有人需要学习怎么用炮。

这个故事不免让人猛然醒悟，我们过去课堂教学过程中一再讲授并强调的那些“技术”乃至“技巧”和约米尼讲“如何用炮”不就是一回事吗？它们固然有一定的意义。可是，它们能解释未来吗？答案显然是否定的。

我们许多人，以为教学的重点是“知识”（knowledge），老师讲“知识”，学生学“知识”，而我们恰恰没搞清楚，知识是这个时代“最不值钱的东西”：一则，它更新迭代的速度极快，今天的琼浆玉液，很有可能到了明天就是垃圾。计算学科似乎更加突出；二则，它的获取极其容易，互联网的存在让基本知识的学习和获取早已变得没有太多意义。

因此，计算机基础教育也罢，计算思维教育也罢，那些只关注计算学科

“基本知识”和各种软件工具“应用技术”的教育教学显然是不合适的，至少与高等教育的本质目的是不太吻合的。

那么，计算思维教育应该关注什么呢？

其实，教与学真正需要的是“洞见”（insight）。洞见这个词和知识本质是不一样的，它与某个具体的技能、方法无关，但它能帮助我们寻觅事物的本质，它能帮助我们在排山倒海的碎片信息中甄别、筛选出那些真正的珠玉。显然，“洞见”其实就是高层次的认知。这就是约米尼和克劳塞维茨的区别，一个讲“知识”，一个讲“洞见”。而我们真正需要的，难道不是克劳塞维茨吗？

这种“洞见”的习得快感，是一种绝妙的超体验。这样的感觉，老子在《道德经》里也提到过：“为学日益，为道日损”。意思就是，知识和技能，越学越多，越学越杂乱，而事物的本质和大道，则是越学越少，越学越精纯、越简单。计算思维教育不“为学”，只“为道”。

教育家蔡元培先生早已指出：教育不是为了谋求一种生活的技能，不是为了求职，而是为了生活。本科教育的基本任务，是帮助十几岁的人成长为二十几岁的人，让他们了解自我、探索自己生活的远大目标，毕业时成为一个更加成熟的人……大学不是职场，大学不培养为了职场而去努力的人。

反观现在的“计算思维教育”或“计算机基础教育”，大多都是为了让学生获取简单的知识和技能，都是为了谋求将来工作时所需要的基本技能，说到底就是功利化教育，不深刻地认识这一点，大谈计算机基础教育改革或计算思维教育改革恐怕是没有太大的实际意义。

（二）知识分类、传授与获取

1. 陈述性知识与程序性知识

当代认知心理学家安德森把人类掌握知识的表征形式分为陈述性知识与程序性知识。

所谓陈述性知识，也叫“描述性知识”，正如它的修饰词所表明，能被人陈述和描述。它是指个人有意识的提取线索，并能直接加以回忆和陈述的知识。主要是用来说明事物的性质、特征和状态，用于区别和辨别事物。这种知识具有静态的性质。例如，我们可以陈述某些事实或现象，描述某些事件及客体。简而言之，陈述性知识是有关人所知道的事物状况的知识。陈述性知识主要用来回答事物“是什么”“怎么样”的问题，可用来区别和辨别事物。这种知识与人们日常使用的知识概念内涵较为一致，也称为狭义的知识[①]。

与陈述性知识相对的程序性知识，则并不停留在人们仅能说说而已的状态。它是关于人怎样做事的知识，既可涉及驾车之类的运动技能，也可涉及在什么样的条件下使用某一原理之类的认知技能，当然还可以涉及使用自己的认知资源之类的认知策略。也就是说，程序性知识是关于完成某项任务的行为或操作步骤的知识，或者说是关于“如何做”的知识。它包括一切为了进行信息转换活动而采取的具体操作程序。

陈述性知识（语言信息）包括命题、表象、线性排序（编码）。图式是陈述性知识的综合表征形式。程序性知识（认知策略、智慧技能、运动技能）包括一般领域的程序性知识（弱方法）和特殊领域的程序性知识（强方法），在特殊领域的程序性知识中又分为自动化技能和特殊策略知识。

陈述性知识的获得常常是学习程序性知识的基础，程序性知识的获得又为获取新的陈述性知识提供了可靠保证（如学习外语时，词汇和语法规则的学习是掌握陈述性知识，当我们通过大量的反复练习，对外语的理解和运用同本民族语言一样流利时，关于外语的陈述性知识就转化为程序性知识了）；陈述性知识的获得与程序性知识的获得是学习过程中两个连续的阶段（如解方程首先要知道“等式两边平衡的规则”，能说出这一规则的是陈述性知识，而操作过程的技能则是程序性知识）[②]。

2. 显性知识和隐性知识

根据知识能否清晰地表述和有效的转移，可以把知识分为显性知识（explicit knowledge）和隐性知识（tacit knowledge）。

显性知识也称编码知识，人们可以通过口头传授、教科书、参考资料、期刊、专利文献、视听媒体、软件和数据库等方式获取，也可以通过语言、书籍、文字、数据库等编码方式传播，容易被人们学习和掌握。

隐性知识是迈克尔·波兰尼（Michael Polanyi）于1958年从哲学领域提出的概念。他在对人类知识的哪些方面依赖于信仰的考查中，偶然地发现这样一个事实，即这种信仰的因素是知识的隐性部分所固有的。波兰尼认为：“人类的知识有两种。通常被描述为知识的，即以书面文字、图表和数学公

---

① 皮连生．教育心理学［M］．上海：上海教育出版社，2011.

② 陈琦，刘儒德．当代教育心理学［M］．北京：北京师范大学出版社，2007.

式加以表述的，只是一种类型的知识。而未被表述的知识，像我们在做某事的行动中所拥有的知识，是另一种知识。”他把前者称为显性知识，而将后者称为隐性知识，按照波兰尼的理解，显性知识是能够被人类以一定符码系统（最典型的是语言，也包括数学公式、各类图表、盲文、手势语、旗语等诸种符号形式）加以完整表述的知识。隐性知识和显性知识相对，是指那种我们知道但难以言述的知识。

3. 计算思维教育中的知识传授与获取

计算思维教育无疑也需要传授知识，但计算思维教育传授的知识应该不是目前所常见的、简单的知识（即基本的概念）。根据前面的论述，我们应该能理解，计算思维教育所涉及的传授知识，主要应该是程序性知识和隐性知识，而不是大家所熟知的计算机科学与技术领域的陈述性知识和显性的知识。

那么，为什么要在计算思维教育中强调传授程序性知识和隐性知识呢？

钱德拉塞卡教授是美籍印度天体物理学家，1983 年诺贝尔物理学奖获得者，他在《莎士比亚、牛顿和贝多芬：不同的创造模式》一书中写道：“有时我们将同一类思想应用到各种问题中去，而这些问题乍看起来可能毫不相关。例如，用于解释溶液中微观胶体粒子运动（即布朗运动）的基本概念同样可用于解释星群的运动，认识到这一事实是令人惊奇的。这两种问题的基本一致性——具有深远的意义，是我一生中所遇到的最令人惊讶的现象之一。”

事实上，有识之士一直认为，想要真正理解科学，需要知道一点点科学演进的历史，需要知道人们是怎样一点一滴百转千回地逐渐认识客观世界。这样你才能懂得为什么科学不是一种宗教，为什么熟记《十万个为什么》不算懂科学，为什么科学会出错但是科学更能自我改正。

那么，计算思维教育呢？大家知道，计算学科虽然历史不长，但其中蕴含着的理念和思想，在基于“计算”和面向“计算”的问题求解方面，凝聚了前人大量的、卓越的智慧，这些思想和智慧有些以陈述性知识和显性知识的方式被人们了解和掌握，但更多的思想和智慧以程序性知识和隐性知识的方式所存在。结合计算思维的本质，我们应该知道，计算思维教育应该侧重的恰恰就是这些程序性知识和隐性知识。

（三）好奇心与兴趣及与科学认知

1. 好奇心与兴趣

中国科技大学的潘建伟院士曾经说：“对你我这样平凡的中国人来说，

我们所缺的不是少学了多少个物理学定理。我们所缺的是在日复一日的应试教育的课堂上被磨灭掉的对物理学最初的好奇。”

是的，计算思维教育也一样，需要刺激、满足被教育者的好奇心。例如，面向所有的大学生，我们过去都强调如何使用搜索引擎去完成信息检索，面对界面简洁的 Google 或百度，绝大多数大学生恐怕都有过这样的好奇心：它们到底是怎么工作的？为什么搜索效率那么高？造福神话背后的逻辑是什么？我们能不能设计一个满足自己特定需要的搜索引擎……如果在大学计算机基础教育或者计算思维教育中着重引导、培养、刺激、满足大学生这样的好奇心，而不是仅仅停留在如何使用现有的搜索引擎的技能培养方面，那么我们的教学效果肯定就完全不一样了。

这就像教育家蔡元培先生所说的：教育很多时候很抽象，不能那么功利。大学应该坚持青年人必须用文明人的好奇心去接受知识，根本无须回答它是否对公共事业有用，是否切合实际，是否具备社会价值等。否则，当教育成为一种工具时，它就不培养人了。

2. 认知问题

大学里面一直信奉一句话“知识就是力量”。今天知识还是力量，但不是唯一的力量，也不是最重要的力量，比知识累积更重要的是良好的思维科学和认知方法。

我们在这里引用几位科学大师说的话。第 1 位是 J. H. 彭加勒，他 18 岁进入大学，24 岁拿到博士学位，32 岁当选法兰西科学院院士，确是学问广博，涵盖多个学科的科学大师。他在《科学与假设》中明确说“直觉是发明的工具，逻辑是证明的工具”“科学美是潜藏在感性美之后的理性美”。第 2 位是罗杰 · 彭罗斯，他比英国大物理学家霍金大十岁，并与霍金联手奠定了量子引力的数理基础。他说：“灵感和直觉在发现真理方面比逻辑推导更重要得多。”第 3 位是哈佛大学著名的理论物理学家 Lisa. Randall 教授，她在东京大学演讲后在留言板上写下著名的一句话“相信直觉，大胆享受科学”。

大物理学家霍金曾说：“21 世纪将是复杂性科学的世纪。”“复杂性”成为横跨物质科学、信息科学、生命科学等自然科学，以及人文、哲学与社会科学的大科学代名词，也代表了人类文明进步到当今的一大特征。人类已经意识到思维科学在新一轮科学革命中的重要地位。复杂性科学的本质是认识论或思维方式的重大变革，认知科学正在渗透各个学科，成为现代科学与

教育交融互动的主流趋势。

从大学教育的课程教学来看，我们确实花了大量的时间在逻辑推理上，忽视了直观穿透力的培育。因此，计算思维教育就是要转变过于注重逻辑推理而忽视直觉和灵感思维训练的教学内容和教学方式，重视案例辨析和用于实践训练的“项目源”建设。

事实上，高等教育的本质要求就是提升认知层次、提高认知能力、改变认知模式。认知，几乎是人和人之间唯一的本质差别。技能的差别是可量化的，技能再多累加，也就是熟练工种。而认知的差别是本质的，是不可量化的。所以计算思维教育应该在认知能力、认知模式等方面多下功夫，以求尽力提升大学生的认知水平。反思现今大部分的计算思维教学内容，那些只注重技能培养、只泛泛地讲解基本概念、只剖析计算机科学原理，或者仅仅培养程序设计能力的教育教学，实在跟计算思维教育相去甚远了。

（四）科学哲学与科普教育

大学应该把科学哲学作为通识教育的文化基础。科学哲学具有纵观古今、横跨中西、融汇文理的特点，以及真伪思辨的智慧，借此罗织思维科学的“文化经纬”，有助于解决知识存量的爆炸性增长和知识的“碎片化”矛盾，奠定复杂性科学时代的认知基础。

计算思维教育也应该如此。一方面，计算思维本身作为一种抽象的、求解各种科学问题的方法论，就应该在科学哲学方面做更多的归纳和总结，以适应复杂性科学时代的认知需求。另一方面，计算学科本身内涵丰富，知识呈现爆炸性增长，也产生了许多碎片化的问题，也应该在科学哲学的层面上好好总结，然后应用于教育教学。反观现有的计算思维教育，离这一高度还相去深远，需要同行专家认真总结和改进。

另外，由于计算思维颇具抽象性和实用性，在教育教学上应该更多地吸取科普教育的精髓，以便更好地让“所有的人”所接受。对于这一点，革命先导列宁就有过精辟的论述，值得大家认真领会和借鉴并应用于计算思维教育，他是这么说的：“通俗作家应该引导读者去了解深刻的思想、深刻的学说，他们从最简单的、众所周知的材料出发，用简单易懂的推论或恰当的例子来说明从这些材料得出的主要结论，启发肯动脑筋的读者不断地去思考更深一层的问题。通俗作家的对象不是那些不动脑筋的、不愿意或不善于动脑筋的读者，相反地，他们的对象是那些确实愿意动脑筋，但还不够开展的读者，帮助这些读者进行这件重大的和困难的工作，引导他们，帮助他们开步走，教会他们独立地继续前进”。[①] 尽管列宁谈及的是通俗作家，可其思想完全适用于计算机基础教育和计算思维教育，这就是伟人的高明之处，值得大家点赞。

关于科普教育的重要性，习近平总书记也有非常重要的论述。2016 年 5 月30 日，应该会成为中国科技发展史上划时代的一天，同时也是会对从事高科技行业的所有人产生切身影响的一天：五年一次的全国科技创新大会、两年一次的两院院士大会、五年一次的中国科协第九次全国代表大会三大顶级科技会议历史性地在人民大会堂同时隆重召开，中央政治局常委悉数出席，地方首脑，主管科技一把手全部与会。这天上午，习近平总书记面向约 4000 名参会人士发表了近一个半小时的重要讲话。论会议规格之高，规模之大，议题之紧要，近 40 年历史上，只有 1978 年召开的“全国科学大会”可与之并论。

在这次大会上，习近平总书记在鼓励大家搞创新的同时，还特别强调科普教育。习近平总书记说：科技创新、科学普及是实现创新发展的两翼，要把科学普及放在与科技创新同等重要的位置，普及科学知识、弘扬科学精神、传播科学思想、倡导科学方法，在全社会推动形成讲科学、爱科学、学科学、用科学的良好氛围，使蕴藏在亿万人民中间的创新智慧充分释放、创新力量充分涌流。这是习近平总书记第一次把科普摆到如此重要的位置。

纵观现今的计算思维教育，确实到了该跳出功利意义下的技能培训、简单知识传授等认知局限，用革命先导和习近平总书记的思想和理论指导我们的改革，在教育教学理念、方式方法等方面改进计算思维教育，使其在普及科学知识、弘扬科学精神、传播科学思想、倡导科学方法等方面做出应有的贡献。

（五）创新创业教育

2015 年 3 月，李克强总理在政府工作报告中提出“大众创业、万众创新”之方略，国务院及其办公厅在不到半年时间里相继出台了多项具体的实施意见。因此，加强大学生创新创业教育，树立创新精神、增强创业意识、提升创业能力，鼓励开展创新创业实践，是学校服务于国家转变经济发展方式，建设创新型国家和人力资源强国的现实要求。尽管大家很重视并做了大量的工作，但整体来看，我们对创新创业教育的内涵和本质领会还不够

---

① 列宁全集：第 5 卷［M］. 北京：人民出版社，1986.

深刻和透彻，要么把技术含量低、对传统市场“经营—消费”关系进行机械式复制的生存型创业视为创新创业教育的成果；要么把创新简单理解为“科技创新”，忽略了思想创新与意识创新，认为创业是管理学科或工科应该做的事，而创新创业教育就是简单地开几门创业课，开展几场创新创业活动或比赛，与专业教学无关，使创新创业教育游离于专业教育、通识教育之外。

2016 年 3 月 10 日，曾任教育部部长的袁贵仁在记者会上指出，创新创业教育首先是要使大学生形成创新理念、创新思维、创新素质，来为我们国家实施创新驱动发展战略服务，来为我们国家在 2020 年成为创新国家服务。

创新创业是新目标。而大学教育显然已经进入的是创新创业、高质量教育供给不足的时代。大学教育，面临着这方面的挑战。虽然也意识到了这方面的不足。提供了各种各样的机会。例如，学生的竞赛鼓励越来越多，如引入企业进入教学，鼓励互联网 MOOC 开放式教育，这些都是有效的，但是也是明显不足的。那么，创新教育的本质是什么？创新创业教育的核心内涵是什么？其本质是一种面向全体学生的、为其终身可持续发展奠定坚实基础的素质教育，其核心内涵应该是实现从注重知识传授向更加重视能力和素质培养的转变，强化对学生创新创业精神、创新创业意识和创新创业能力的培养①。从教育的角度来说，要考虑创新教育的公平性，要考虑创新教育的普及性，要考虑创新教育的有效性，要考虑创新教育的长远目标而不是眼前的目标。

值得反思与总结的是，这么多年来，大学计算机基础教育也罢，计算思维教育也罢，都陷入了太多功利性的“工具论”教育，一味地强调“工具及其应用”，课堂内外传授的基本概念、基本知识及基本技能，处处彰显着“就事论事”的职业培训色彩，在提升学生综合素质特别是创新创业等能力方面，存在着明显的不足，因为“创造性”所需要的好奇心、想象力和批判性思维能力等都不是只是“知识”本身，都是超越“知识”本身的。英国社会创新之父 Geoff Mulgan 认为：“我们需要将下一代培养成数字技术的创造者，而不仅仅是用户。他们应成为世界的塑造者，而不仅仅是旁观者。”

---

① 王焰新．高校创新创业教育的反思与模式构建［J］．中国大学教学，2015（4）：4－7.

(六) 注重内涵建设，提高教学质量

“内涵”是逻辑学的一个概念，主要用于解释概念。根据《现代汉语大辞典》的解释，指的是一个概念所反映的事物的本质属性的总和，也就是概念的内容。一般与“外延”相对，而“内涵建设”就是追求事物自身的增强或增加。当前高校之所以提倡要加强内涵建设、追求内涵发展是由于过去10多年以来，高校的工作重心放在了扩大招生规模、校园建设等外部建设上，高校的教学质量、服务水平、毕业生质量等面临下降的风险。为此，《国家中长期教育改革和发展规划纲要（2010—2020年）》专门提出：要把提高质量作为教育改革发展的核心任务。树立科学的质量观，把促进人的全面发展、适应社会需要作为衡量教育质量的根本标准。树立以提高质量为核心的教育发展观，注重教育内涵发展，鼓励学校办出特色、办出水平，出名师，育英才。这些内容都是办大学的内涵建设要求。2012年《教育部关于全面提高高等教育质量的若干意见》（高教30条）的第1条就是“坚持内涵式发展”，可见，加强内涵建设是高校当前的一项重要工作。

别敦荣教授指出，目前我国高校的教学过程内涵单薄。在我国高校课程中，讲授课占了绝大部分，甚至可以说，除了一部分实践实习课外，其他课程几乎都是讲授课。讲授课不一定没有内涵，但如果只有教师讲授且主要是讲授教材的话，教学的内涵可能是非常有限的①。黄达人教授认为，所谓内涵建设，说到底可能最重要的就是把每一门课的质量提高。

计算思维是现代社会中每个人应该必备的技能，计算思维教育需要针对不同人群采用不同的教育方法，引导其体验信息技术的应用情境，理解信息社会生活方式，感受现实生活中计算思维的真实存在，逐步培养学生利用信息技术思考和解决问题的方式与能力。

遗憾的是，现今的计算思维教育与以前的大学计算机基础教育基本上没有什么本质区别，甚至可以说是“新瓶装旧酒”“换汤不换药”，这是特别需要大家清醒地认识到的。各层级的教指委要认真制定大学阶段的计算思维培养标准框架和知识体系，为教育实践提供完整的指导方案和操作内容，并在计算思维培养的标准框架指导下，积极组织开展教学实践研究，探索计算思维的教学内容、教学模式和教学效果，并切实加强师资培训，帮助一线教师更快更好地树立实施计算思维教育的素养与技能，从而保证课程教学质

① 别敦荣. 论高校内涵发展［J］. 中国高教研究，2016（6）：28－33.

量，提高教学水平。

第 2 节　计算思维教育研究与实践

大学计算机基础教育自 20 世纪 80 年代以来，经过两次重大教学改革，虽然得到了所有高校的普遍重视，但功利化的“唯工具论”教育所带来的问题也日益凸显。第 3 次重大改革源于 2006 年美国华裔周以真教授提出的“计算思维”，但面对高校学科专业不同的所有大学生，如何让计算思维教育落地，却遇到了极大的挑战！

挑战之一：计算思维的本质内涵到底是什么？挑战之二：计算思维教育所涉及的教学理念、教学内容、教学方法和手段等到底怎么界定、凝练和解决？挑战之三：现有的师资队伍如何接受和应对？

在这里，我们详细介绍多年来我们所做的研究和实践！

一、计算思维教育与大学计算机基础教育

教育教学改革与实践必须契合时代需求，认清变革演化的主脉络，抓住机遇，高屋建瓴地去探索、研究与实践，才能取得好的成效。

自从 20 世纪 80 年代国内各大学普遍推行计算机基础教育以来，计算机基础教学在整个高等教育发展过程中，经历了不断的改革与调整，教学理念和教学目标也在经历着不断深入的发展与变化。其中，有两次重大的改革：第一次是 1997 年，教育部高教司发布了《加强非计算机专业计算机基础教学工作的几点意见》（〔155〕号文件），确立了计算机基础教学的“计算机文化基础—计算机技术基础—计算机应用基础”3 个层次的课程体系，同时制订了“计算机文化基础”“程序设计语言”等课程的教学基本要求。

第二次改革始于 2004 年，在教育部《关于进一步加强高等学校计算机基础教学的意见暨计算机基础课程教学基本要求》中，明确提出了进一步加强计算机基础教学的若干建议，确立了大学计算机基础教学内容、知识结构的总体构架，以及课程设置方案，并将“大学计算机基础”作为第一门课程。

客观地说，这两次重大的教育教学改革，对促进计算机基础教育起到了非常重要的推进作用。但多年实施下来，存在的问题也是客观的、不可回避的。具体地说，2000 年前后逐步推行的大学“计算机文化基础”，虽然课程

名称听起来感觉很有“文化”意味，但实际上却没有多少“文化”内涵，充其量也就是“计算文化”外显层面上的知识和技能。教学内容方面，除少量计算机基础知识外，多半侧重于微软公司 Windows、Office 等软件的操作与使用，教材更像是一本软件使用说明书，甚至很多教学内容初中生都已掌握。从课程教学目标和定位来说，也与高等教育的层次不符。这种狭义的“唯工具论教育”在不少高校一直延续至今，使计算机基础教育漫漫演变成了食之无味、弃之可惜的“鸡肋”，备受专家和有识之士诟病。

那么，“大学计算机基础”又怎么样呢？本意是从狭义的“技能”教育引向“能力”的培养，但在具体落实时，又陷入了两大“怪圈”，不可自拔。一是“换汤不换药”，继续走技能培训的老路；二是“灌输知识”，也就是围绕计算机软硬件技术基础，讲述一大堆基本概念，教学内容广且泛。

以至于有些高校开始大量压缩学时，甚至取消相关课程的教学，迫使一线教师深感危机！

在此危机之时，2006 年美籍华裔学者周以真教授发表论文，首次详细阐述了“计算思维”（computational thinking）的本质内涵，倡导一种以“计算”为基础的、像计算机科学家一样思维的问题求解方法论，使国内外教育界为之一振。2008 年，美国国家科学基金会（NSF）启动了一个涉及所有学科的以计算思维为核心的国家重大科学研究计划。随后，美国卡内基梅隆大学、英国爱丁堡大学等率先开展了关于计算思维的课程，以期培养学生的计算思维能力。同时不少大学还在各学科学术会上，认真地探讨了将计算思维应用到物理、生物、医学、教育等不同领域的学术和技术问题。在这种背景下，国内“C9”联盟积极跟上，并于 2010 年 7 月正式发表了《九校联盟（C9）计算机基础教学发展战略联合声明》，确定了以计算思维为核心的计算机基础课程教学改革。教育部高等学校计算机基础课程教学指导委员会经过多次组织会议研究讨论，提出了大学计算机基础课程新一轮改革的思路和内容，并于 2013 年出台了《计算思维教学改革白皮书》和《计算思维教学改革宣言》，启动计算机基础课程教育的第 3 次重大教学改革。

这是机遇，更是挑战，甚至是前所未有的、巨大的挑战，因为：一方面虽然周以真教授深刻地阐述了计算思维及其本质内涵，但高等学校计算思维教育到底怎么做却没有任何可借鉴的先例，从教学理念、教学内容、教材、教学手段和方法到教学效果的考核等，“落地”非常困难；二是广大从业教师面对“计算思维”还有一个较长的接受、适应乃至提高的过程。正因为

如此，目前国内不少高校虽然都在积极改革，但都遇到了不同程度的困难，甚至不少高校感到一片茫然。

那么，大学计算机基础教育到底怎么改革更有意义呢?

根据现有的文献，我们不难看出，国内大部分高校都希望以计算思维教育拯救危机中的大学计算机基础教育，并为此做了大量的工作。但不可否认的是，基本上都是“换汤不换药”，教育教学内容没有根本性的改变，还是老一套。

另外，尽管计算思维教育和计算机基础教育有着密切的关系，但毕竟不是一回事，应该有也必然有其特定的教育目标和教育方法，不能混为一谈。

从2010年开始，我们就一直在研究、探索和实践以应对大学计算机基础教育的挑战。经过多年反复学习、研究、归纳、总结和修正，我们从宏观上层面上提出：以计算思维为导向，融合计算文化，全面更新、重构大学计算机基础课程教学内容，强化创新意识和创新能力培养，最终让学生提升对“计算”的认知层次和认知能力。

具体来说，明确提出了大学计算机基础教育的核心内容囊括四个部分，即：计算思维、计算文化（Ⅰ)、计算文化（Ⅱ)、计算工具与技能。

就计算思维教育而言，我们明确提出：①跳出计算学科，面向所有的领域、所有的人，如何“基于计算”去求解问题、设计系统，乃至理解人类行为；②拘囿于计算学科，凝练计算机科学家面向计算时如何求解问题的思想和方法，将其抽象为一种特定的方法论。

而计算文化（Ⅰ）继承传统的“大学计算机文化基础”，传授计算文化外显层面的知识与技术；计算文化（Ⅱ）侧重于计算文化内隐层面的精神、价值观及其内在逻辑。至于计算工具与技能，那是每一个大学生应该掌握的基本知识和能力。

显然，这样的教学改革符合十八大所提出的注重教学质量、追求内涵式发展的教育方针，也与党中央倡导的创新教育非常吻合。

二、计算思维教育的基本定位

我们知道，唐宋八大家之一的韩愈在《师说》中指出：“师者，所以传道授业解惑也”，可谓精辟之极。所谓传道，实乃做人之道、做事之道、做学问之道；所谓授业，应该是在课堂内外传授知识、培养能力；所谓解惑，就是帮助学生理解并解决学习、生活乃至工作上的各种疑惑。

那么就“大学计算机基础”教学这一具体问题而言，计算思维应该属于“传道”的范畴，以启迪学生心灵与智慧。而计算机基础知识、基本概念及计算工具与技能教育等则属于“授业”的范畴。显然，“道”与“术”应兼而有之，但又是不同层次上的问题，切不可混为一谈或取而代之。至于“解惑”，我们认为重点在于解惑的方式、方法和手段应该与以前有很大的不同，因其与计算思维教育关系不大，这里不再讨论。

在这里，我们必须说明的是，在谈到计算思维教育时，总是联系到大学计算机基础教育，这是不可避免的，也是大家可以理解的。因此，在探讨计算思维教育的基本定位时，我们不得不提及大学计算机基础教育。

针对计算思维教育的基本定位，我们必须强调以下几个基本观点：

（1）计算思维教育不能完全取代大学计算机基础教育。理论思维、实验（实证）思维与计算思维构成了科学研究的三大认知基础和方法，让学生接受计算思维的熏陶无疑意义巨大。因此，人们希望借助于计算思维教育改革原来的计算机基础教育也就得到了大家的认可。但必须注意的是，计算思维教育并不能完全等同于计算机基础教育，并不能用前者取代后者，因为二者的教学目标不一样。笔者认为，计算思维教育应该作为大学计算机基础的一部分，至于所占份额或比例的大小可视各校实际情况而异。传道意义下的计算思维教育可以启迪学生心灵与智慧，而原来大学计算机基础教育所传授的基本概念、基础知识及培养的基本技能等则属于“授业”的范畴，“道”与“术”应兼而有之。

（2）计算思维教育≠工具论教育。尽管著名学者 Edsger Wybe Dijkstra 说过：“我们所使用的工具影响着我们的思维方式和思维习惯，从而也将深刻地影响着我们的思维能力。”但仅仅注重于教会学生使用 Windows、Word、Powerpoint、Excel 等工具，本身并不是计算思维教育。掌握并使用这些工具的技能仅仅是“影响”人们的“思维”，并非计算思维，这是有本质区别的。因此，那些打着计算思维教育的旗号，本质上从事的还是“唯工具论”的教育并非计算思维教育。

（3）计算思维教育≠计算机专业教育。很多从事计算机专业教育的人士，对计算思维教育一直不太“感冒”。在他们看来，在计算机专业教育里面一直在教“计算思维”，还有什么新鲜吗？其实不然，道理也很简单，就像生活中处处蕴含着哲学，难道我们就认定“生活”本身就是哲学教育吗？

反过来说，计算机专业教育中确实蕴含着计算思维教育，难道计算思维

教育就应该按照计算机专业教育一样实施吗？如果这样的话，是不是所有的人都得接受计算机专业教育呢？不然，计算思维如何面向“所有的人、所有的领域”？

显然，计算思维教育不等于计算机专业教育。

（4）计算思维教育不能强调“立竿见影”的效果。计算思维教育与传统的计算机基础教育有着本质的区别，它属于抽象层面的创新、创意、理念、方法教育，不应该也不可能指望计算思维教育能起到立竿见影的效果，更不可能通过一门课程几十个学时的教学，立马就能让学生成为学科专业方面的佼佼者。所以那些号称通过计算思维教育就让学生“计算机水平”如何如何的人，明显地偏离了基本的认知！

（5）在大学开展计算思维教育，它应该属于“通识教育”“基础教育”的范畴，类似于高等数学、大学物理、哲学等，不应该像专业教育那样，具有很强的“职业感”。通识教育可以扩展学生的学术视野并促进学生对自己的了解，这是理性选择的基础。此外，通识教育还提供给学生在大学期间及其之后漫长的人生道路中选择的原则，包括方法原则、理论原则和技术原则。

三、计算思维教育的基本内容

计算思维教育的落地问题自周以真教授提出计算思维以来就一直牵动着教育界的心。尽管业界很努力地探索，但这个问题一直没有得到很好的解决。究其原因，很大程度上还是对计算思维及其教育缺乏足够的认识，以至于出现了较大的偏差。

通过对计算思维到底是什么的深入解读，以及对当前计算思维教育的反思，我们认为计算思维教育至少应该包涵 3 个方面的内容：一是从狭义到广义的计算思维方法论；二是“面向计算”的计算思维；三是“基于计算”的计算思维。下面具体就这 3 个方面的内容做一些简要的描述。

（一）从狭义到广义的计算思维方法论

前面我们已经论述过，计算思维是一种以“计算”为基础或者建立在“计算”基础之上的方法论。从狭义的角度来说，人们可以理解成，以计算机科学与技术为基础，求解各类可通过“计算”能解决问题的思维方法；从广义的角度来说，就是借助于计算学科有效的、解决各类问题的智慧，求解客观世界各类问题的、普世的方法论。因此，计算思维教育也应该从狭义和广义这两个不同的维度来构建计算思维的教学内容。

从狭义的角度来说，我们首先应该了解人类解决客观世界问题的思维过程，然后抽象出利用计算机技术求解问题的基本过程，认真对比这两种求解问题的思维方法的特点和差异，让人清楚地了解并掌握以计算机科学与技术为基础的、狭义的计算思维的基本方法。

当然，要掌握狭义的计算思维，还必须解决以下几个方面的问题：一是数学模型。所谓数学模型就是用数学语言和方法对各种实际对象做出抽象或模仿而形成的一种数学结构。除少数情况例外，面对客观世界的一个待求解的问题，如果抽象不出它的数学模型，基本上就等于宣布无法利用计算机技术求解该问题了，因此构建问题的数学模型比较重要。二是数据的存储结构。我们知道，利用计算机技术求解问题，面临着大量的原始数据，以及计算的中间结果和最终结果，这些数据如何存放更便于处理，或者说更有效是一个重要的问题。三是算法问题。也就是按照什么样的方法和步骤来加工原始数据及其中间结果，使其得出最终的解。四是如何把客观世界的问题映射到计算机世界。通常的方法有两种：一种是面向过程的结构化设计方法，另一种是面向对象的方法学。

上述内容涉及计算机科学与技术领域的许多理论与技术，如果按照计算机专业教学的角度来组织教学内容，肯定不行。必须以一种浅显易懂的、科普教育的方式来组织教学素材，像讲故事一样来传授这种特定的思维方法，才能让大家接受和掌握，否则必将陷入专业教育的泥潭而不能自拔。

从广义计算思维的角度来说，就是要把计算学科里面所蕴含的一些智慧推广应用于其他各个领域。例如，在计算学科里面普遍应用的时间和空间的关系及其转换、串行与并行、局部化和信息隐藏、精确近似与模糊、折中、冗余、递归与递推（迭代）等。这方面的内容很多，需要认真地抽象，然后以一种生活化、实例化的方式加以阐述，让受教育者真正体会到广义计算思维的智慧之所在。

(二)“面向计算”的计算思维

所谓面向计算的计算思维，就是拘囿于计算学科，深入挖掘和整理计算机科学家们在面对各类计算理论问题、计算方法问题和计算技术问题时所展现出来的灵感和智慧，用以启迪大家的创新意识和创新能力，扩展大家的思维空间，提高大家的心智。

这方面的例子很多，比如弃“十”选“二”的数据表示方法、有限的

字长与大小不一的数据表示、符号的统一编码问题、思维如何计算问题、“九九归一”的加法运算问题、瞒天过海的密码技术问题、大海捞针的搜索引擎技术、引领技术革命的人工智能技术、不可思议的自纠错技术及自然语言处理、数据压缩等。计算机科学家们在解决这类“计算问题”时，灵感超常、智慧过人、脑洞大开，领略这些内涵丰富的思想和方法，在人们解决各类问题时，必将能开拓大家的思路，激发大家的灵感，提升大家的创新能力。

（三）“基于计算”的计算思维

所谓基于计算的计算思维，就是以“计算”为基础的或者说建立在“计算”基础之上的问题求解的方法论。

正如我们所知道的，计算已经成为除理论、实验之外的第三大科学方法，很多科学问题可以通过计算来求解。典型地，如过去研发核武器，需要制造出物理意义下的核弹（如原子弹、氢弹等），然后试爆，以观察效果并加以改进。大家知道，试爆核武器，危害很大（环境污染和核辐射危害），且受各种公约限制。哪怎么办呢？以美国为首的核大国难道就不研制新的核武器了吗？答案显然是否定的，现在核大国们都在超级计算机上完成新型核武器的研究和开发，不再需要实地试验了。

从计算思维教育的角度来说，这方面可选的教学案例很多，如方程求根、定积分的近似求解、圆周率的近似计算、有限元法的工程应用、数值天气预报方法、蒙特·卡罗方法及其应用、巡航导弹的制导，乃至经典文学作品的研究等，我们可以选出多种应用案例，启发大家的应用灵感，使大家切实感受到计算思维的魅力。

总的来说，计算思维教育重在思想、理念和方法，而不是理论和技术，培养的是一种问题求解的意识。具备了计算思维的意识后，碰到客观世界的实际问题时，就能迅速判断是否可以解决问题，以及如何解决问题。等确定了问题求解的基本方法后，需要具体的理论和技术再加以学习和掌握。这才是计算思维教育的本质和核心。

四、计算思维教育的方法和手段

按说计算思维教育在方式、方法和手段上不应该有什么特别，但其实不然。究其原因，一是大的时代背景，二是计算思维本身的特点。

从大的时代背景来说，国内计算思维教育源自大学计算机基础教育的危机，人们指望计算思维教育拯救“摇摇欲坠”的计算机基础教育。那么，计算机基础教育为什么会出现危机呢？主要原因还是教学内容与大学教育太不相称了，说得直白一点都已经很不像一门大学的课程了。这么说绝非危言耸听，至少以下几个基本事实可以说明问题：一是“大学计算机基础”的教学内容多半都是一些基本概念的堆砌，以及基本软件的使用技能，功利化色彩相当浓厚。二是很多学校取消了“大学计算机基础”这样的课程，而没有取消该课程的学校，很多也都在大幅压缩学时，以至于从业教师深感前景暗淡、饭碗难保。三是很多学校（以一般地方普通本科院校为主）从事计算机基础教学的老师来源和背景复杂，学什么专业的都有，各种岗位上的人都有，说白了只要教师数量不够，什么人都可以顶替。四是中小学教育都在开设信息技术课程，电脑、智能手机等越来越普及，以至于很多大学生入学之前就已经熟练地掌握了“大学计算机基础”课程里面的大部分内容。

再从计算思维本身来说，要做好教育教学也很困难。原因有二：一是计算思维的倡导者周以真教授及国内外的其他专家教授基本上都没有就计算机教育的落地给出具体的方案和路径，即便有人做了一定程度的实践探索，也没有得到大家的公认，都在按各自的理解唱各自的调，甚至教育部教指委匆忙给出的《计算思维教学改革白皮书》也基本无法实施[①]；二是计算思维的教学需要纵览整个计算学科并加以归纳、总结、抽象和提炼，这不是什么人都能够胜任的，特别是现有的大学计算机基础教育的从业者。

面对这些具体的问题和困难，我们做了大量的研究和探索，提出了计算思维教育的教学改革原则和思路，即“以 MOOC 的方式传导计算思维；以传统的方式讲授计算文化外显和内隐的基本概念、知识和理论；以翻转课堂的方式促进学生自主学习能力的提升；以‘作品’的形式考核学生的应用能力；以多种方式考核替代一张试卷”。根据这样的原则和思路，我们做了大量的改革与实践，取得了很好的成效。下面就改革的原则、思路和实践做一简要说明。

（1）以 MOOC 的方式传导计算思维。正是由于目前的从业教师整体上难以胜任并实施计算思维教育，推行 MOOC 教育就显得特别重要了，否则很难大范围推广。另外，MOOC 教育本身的优势又非常明显，有利于学分学时的减少和通过网络进行碎片化学习，也有利于个性化学习，比较符合教育

---

① 教育部高等学校大学计算机课程教学指导委员会．计算思维教学改革白皮书［Z］.2013 年 7 月．

心理学的认知规律。为此，我们投入了大量的人力、物力和财力，拍摄了几十个 MOOC 视频知识点，在国内知名的 MOOC 平台上线，供大家共享和学习。以下是我们设计制作的部分 MOOC 知识点列表，如表 3-4 所示。

表 3-4　计算思维 MOOC 知识点

计算是什么	计算与自动计算
数的表示与模拟计算	数的表示与数字计算
二进制加法运算的机器化	“九九归一”的加法运算
从数学危机到图灵机	图灵机的计算能力
什么问题都能计算吗？	从算盘到图灵机——机械计算的本质
电子计算机——透过现象看本质	思维可机械计算吗？（Ⅰ）
人类求解问题之过程	思维可机械计算吗？（Ⅱ）
基于计算（机）的问题求解过程	面向过程的结构化设计方法学
面向对象方法学	面向对象技术
抽象	计算学科中的抽象
时间与空间及其相互转换	认知层面的其他方法学
技术层面的其他方法学	算法与程序
算法设计方法——枚举	算法设计方法——递推
算法设计方法——递归	算法设计方法——分治
算法设计方法——仿生	机器间的通信方式
数据转发方法	网络分层体系结构
有趣的对称加密技术	难解的非对称加密技术
数字签名及其应用	从自然智能到人工智能
符号主义的基本思想	联结主义的基本思想
行为主义的基本思想	机器翻译的愿景与困难
峰回路转的自然语言处理	信息传输中的问题与挑战
重复传输与冗余编码	校验与校验和
信息传输中的错误定位	自纠错技术及应用
两种简单的数据压缩方法	哈夫曼编码

续表

计算是什么	计算与自动计算
数据压缩极限与 LZ 压缩方法	大海捞针的搜索引擎
网页排序方法（pageRank）	有限划分，无限逼近——定积分计算
重复迭代，寻根问底——方程求根	大事化小，小事化了——有限元分析
千年求精，万年求真——圆周率 π 计算	赌城之名，绝妙之法——蒙特·卡罗法
万事俱备，不欠东风——数值天气预报	精确制导，百步穿杨——巡航导弹
土木施工，建筑加瓦——BIM	文学寻梦，艺术添彩——红楼梦研究
……	……

（2）以传统的方式讲授计算文化外显和内隐的基本概念、知识和理论。按说这部分内容与计算思维教育无关，不需要在此特别强调。但是，我们必须深刻地认识到：计算文化外显和内隐层面的基本概念、基本知识和基本理论是了解和学习计算思维的基础，有了这些知识后，对计算思维的掌握就有了基本的保障。另外，客观上来说，有一部分大学新生由于中小学条件所限，对计算机科学与技术的一些基本概念和基本知识还不具备，也需要弥补这一缺漏。

这部分内容以传统的教学方式处理即可，没什么特别。当然，有条件的话，也可以实施 MOOC 教学。

（3）以翻转课堂的方式促进学生自主学习能力的提升。正如很多教育家所指出的“教之主体在于学，教之目的在于学，教之效果在于学”，不充分调动学生的学习积极性，不设法提高学生的自主学习能力，大谈教育的成效是不现实的。计算思维教育也一样，需要设法提升学生的自主学习能力。

大家知道，翻转课堂对促进学生自主学习能力的提升很有帮助，且成效显著，因此在计算思维教育中引入翻转课堂这一教学模式很有必要。至于设置几次翻转课堂及翻转课堂研讨的主体是什么，可视各学校的情况不同有所差异，不能一概而论。一般情况下，作为一门课程，设置 1 ~ 3 次翻转课堂即可，多了压力会很大。至于研讨主题，可选一些极具时代特征又有思维启迪内涵的内容，如“大数据本质及其方法论与认知影响”“人工智能有可能带来的变革”，等等。

当然，我们必须认识到传统课堂教学是容易的，因为教师处于主导地

位，想讲什么就讲什么，完全自己把控。而翻转课堂围绕一个主题，要求学生事先阅读大量文献（教师提供或自己收集），提出自己的观点、看法、问题求解方法等，然后由学生主讲，教师点评。主导权完全在学生手里，教师事先无法知道学生会提出什么观点和看法，因此对老师来说具有极大的挑战。任课教师必须事先做好充分的准备。

（4）以“作品”的形式考核学生的应用能力。学习的目的最终在于应用，计算思维教育也不例外。通过一门课程的学习，学生可对自己感兴趣的领域，结合计算思维的灵感和智慧，或者以计算思维的方法论指导，通过自己的努力和实践，设计、制作出能代表自己学习水平的“作品”来，并依此考核学生的应用能力。

需要说明的是，这里所谈的“作品”，应该是广义意义下的“作品”。例如，它可以是一个物理意义下的“设备”，也可以是充满想象力的“设想”，还可以是自己开发的某一程序或软件，等等。换言之，学生们可以脑洞大开，充分利用计算思维，开拓自己的创新意识和能力。笔者相信，这样的教育是非常有意义的。

（5）以多种方式考核替代一张试卷。作为一门大学课程，期末总要给出学习成绩。计算思维教育如何考核呢？笔者主张以多种方式考核取代期末一张试卷的传统做法。例如，可综合考虑 MOOC 学习情况与效果、翻转课堂意义下的自主学习能力、“作品”的设计能力和创新能力、基础知识的掌握情况、提出问题的能力及平时学习情况等。

特别需要强调的是，计算思维教育很难达到“立竿见影”的学习效果，特别不适合标准化的考核方式。有人试图设计一个标准化的机试系统，辅以大量的标准化考题，用以测试计算思维教育的学习效果，我们认为是不恰当的。计算思维是一种特定的方法论，学习它的目的，不是掌握多少知识和技能，而是建构起以“计算”为基础的问题求解的思维理念、意识和方法，有了这样的理念、意识和方法，再学习习惯领域的理论和技术，用以解决必须面对的实际问题。理解这一点是非常重要的。

五、计算思维与创新创业教育[①]

如今，创新创业教育在各大高校正在如火如荼地展开着。很多学校开设

---

① 唐培和，徐奕奕，唐新来，等．基于“计算思维”之创新创业教育分析与思考［J］．国家教育行政学院学报，2016（5）：48－53.

了创新创业通识课程，对接了众多企业，甚至创办了独立的创新创业教育学院等。就其具体的教育模式来说，创新创业教育一般分阶段分层次地来进行，典型地模式分为4个层次，如图3-1所示。其中，普适层针对全体学生展开，侧重点主要是政策、平台、环境、文化、创新创业通识课等；重点层针对有创新意识和目标的学生展开，主要工作是建立创新团队、安排专项指导教师、设立专项支持经费、组织参加各类竞赛、学习专门知识等；精英层针对有明确创业目标的学生，主要工作内容是组织核心技术的攻坚、完成企业孵化、探索商业模式等；商务层则针对能进行市场化运作、能从狭义的“小创业”走向广义的“大创业”（即社会创业）的学生，主要工作内容是引入战略资本、完成成果转化，最终获取社会效益和经济效益。

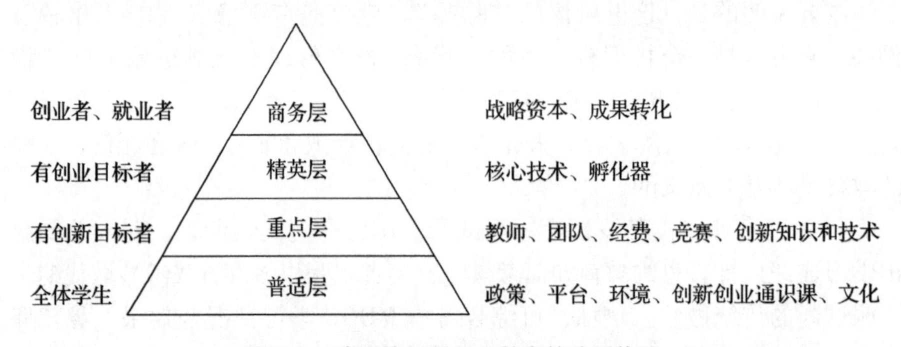

图3-1　典型的创新创业教育的分层体系

图3-1描述了当前典型的创新创业教育的分层体系和教学模式，它是成熟且稳定的，但必须注意的是，学校提供的平台、经费、通识课、孵化器、环境等工具性创新支持对在校大学生的创新行为影响并不显著①。同时，我们也看到：

①该分层体系是一个金三角，其培养的创新创业人才仍落在“精英”“少数”“典型”等上面，与“大众创业、万众创新”的宗旨有较大的差距。

②主要手段落在政策落实、团队协作、老师指导、平台建设、企业孵化、资本融入等外化和物化的内容上，较少地关注创新思维、创新方法、创新精神的有效培养。

---

① 梅红，任之光，冯国娟，等．创新支持是否改变了在校大学生的创新行为？［J］．复旦教育论坛，2015，13（6）：26－31.

2006 年，美籍华裔科学家周以真教授提出“计算思维”这一概念后，教育界已经充分认识到面向所有大学生的大学计算机基础教育引入“计算思维”的重要性。

“计算思维”强调基于“计算”的方法去求解各领域中的问题，是典型的学科交叉理念，也是创新的重要基础。另外，计算学科所蕴含的智慧和灵感，本身就是创新思维的结晶，对人们求解问题具有非常有意义的借鉴作用。在此背景下，我们对计算思维的本质内涵做了深入的解读，拟在计算机通识教育的基础上，通过“计算思维”来有力地补充、强化创新思维能力培育，将“计算思维”与创新创业教育目标有机结合，推进创新创业教育深度发展。

（一）计算思维对创新创业教育的影响维度

创新教育本质上是一种面向全体学生的、为其终身可持续发展奠定坚实基础的素质教育，并强化学生创新精神、创新意识和创新思维能力的培养[①]。而创业教育更多的是为具备创新意识和目标的同学，在创新方法、技术和创业条件（团队、资源、机会）上给予具体指导。“计算思维”无论是针对“所有人”的创新精神、创新意识和创新思维教育，还是在针对“部分人”的创新方法教育上，从理论研究意义还是实践需求来看，都契合着创新创业教育的核心需求与目标。下面结合“计算思维”的本质内涵及其特征，与创新创业教育支撑关系从不同维度进行阐述，如图 3-2 所示。

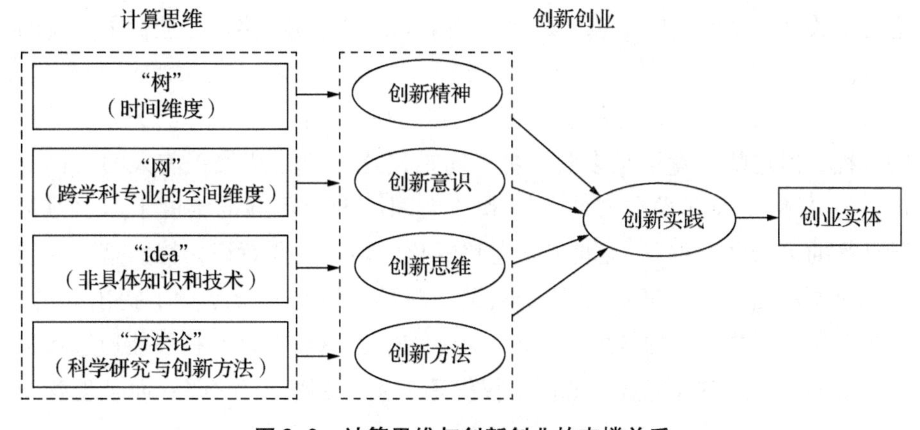

图 3-2　计算思维与创新创业的支撑关系

① 王焰新．高校创新创业教育的反思与模式构建［J］．中国大学教学，2015（4）：4－7.

1. 计算思维与创新精神

计算的演化史可以说是人类历史上最具创新精神的革命史。计算思维立足计算学科本身解决问题的典型方式，涵盖计算问题如何被解决，以及各领域问题如何借助于计算来求解，其间的曲折与求索能让学生切实感受到计算机科学家所展示出来的意志、信心、勇气和智慧，也包括革新过程中的反复与博弈、约简与转化、折中与妥协、成功与代价等。与其他方法相比，它能更充分、更典型地、更有效地展现技术的螺旋迭代，思想的颠覆性进化，方法和观念的更新及创新带来的人类进步，使学生能受到“创新之美、之强”的冲击，从而点燃对专业的热爱、对未来的期许，这些“兴趣”和“期待”才是真正激发学生创新精神的力量源泉。

2. 计算思维与创新意识

纵观人类的创新图景，大致呈现为两个面向。一是在时间维度上，它是一棵创新之“树”，它不断地生长，最后才硕果累累；二是在空间维度上，它构成了一张创新之“网”，它是各种各样创新“节点”连接之后涌现出来的总体现象。因此，一个创新点既要关注时间维度上的创新累积，也要关注空间维度上的关系与连接。计算思维强调“时空观”：一方面，从时间维度上梳理了历史长河中前人的智慧和火花，从而建立了一棵基于计算的创新之“树”；另一方面，在空间维度上，计算思维立足计算学科，但不拘泥于计算学科，打破了专业限制和领域门槛，用一种较好的方式将解决问题的要素进行了关联。从时间的“创新之树”到空间的“创新之网”，进行了有益的扩展。

研究表明，人们在创业过程中的创造力往往来自于奇思妙想或系统研究的过程，但这些毕竟不是多数，更多的是在“复盘”或修正前人的工作中产生的灵感①。学生站在“时间”和“空间”两个不同的维度下，学习基于计算的创新之“网”，必将能在潜移默化中培养关联意识，特别是当今创新创业所必备的、在复杂场景（数据、规模、问题复杂度）下提出问题、分析问题、解决问题的能力。更进一步的是，当这种梳理和扩展能通过和学生互动的方式来共同完成，他们不仅仅理解到“创新了什么”？而且理解到

---

① Nyström H. 50 digital team-building games：Fast，fun meeting openers，group activities and adventures using social media，smart phones，GPS，tablets，and more［M］. New York：John Wiley & Sons，2015：103 – 123.

“为什么创新”？甚至能清晰地感受到这个时间点上的创新为什么能成功。他们接收到的不仅仅是陈述性知识，也接收到程序性知识。

从这一意义上看，计算思维带领学生们跨时空去梳理创新之“树”和“网”，是很好的创新意识的催化剂。

3. 计算思维与创新思维

计算思维囊括计算机科学、计算机工程、通信、信息科学、信息工程等广义的“计算”学科，针对典型的创新案例，从问题的提出到问题的求解的过程，剥茧抽丝般地展现当初计算机科学家们是如何思考问题、解决问题的。它着重强调展现计算机科学家们的灵感、思想火花，以及解决问题的方法。

可见计算思维教育，重点在于展现计算机科学家们当年面对问题时的创新灵感、创新思维乃至创新精神，而不是一般意义下的陈述性知识传授或技能训练。计算思维所凝练的计算机科学家们求解各种复杂的难题时所展现出来的智慧，不管是计算技术的革命，还是思维方法的革新，这种创新内涵的教育与熏陶，对致力于创新创业的每一个人、对创新创业的每一个层面都是潜移默化的，都能通过借鉴、连接、转化等产生新的灵感、新的理论和方法，乃至新的技术和产品。计算思维运用计算学科的基础概念、思维方法，对问题求解、系统设计及人类行为理解等复杂情况进行设计、构造和解析，力图以最少形式化的手段，使学生理解计算机解决自然和社会问题的基本思路，理解在探究自然和社会奥秘、在面对复杂问题时“计算”所展现出来的、强大的支持能力，从而拓展学生的创新思维空间。

从这一角度来看，计算思维本身就是创新思维的重要组成部分。

4. 计算思维与创新方法

科学是人们对自身及周围客观世界的规律性的认识。多年来，科学研究及其创新方法主要依靠“理论”和“实验”。理论是客观世界在人类意识中的反映和用于改造现实的知识系统，用于描述和解释物质世界发展的基本规律，理论方法以推理和演绎为特征，通过公理和推演规则产生结论；实验方法是人们根据一定的科学研究目的，运用科学仪器、设备等物质手段，在人为控制或模拟研究对象的条件下，使自然过程以纯粹、典型的形式表现出来，以便进行观察、研究，从而获取科学事实的方法，它以观察和总结自然规律为特征，强调逻辑自洽，结果可被重现，甚至可预见新的现象。

计算的发展正在推动着计算内涵的不断革新。计算从纯计算的角度转变为科学研究的第三大方法①。作为新的科学研究方法，计算大幅增强了人们从事科学研究的能力，许多重大的科学技术问题无法求得理论解，也难以应用实验手段，但却可以进行计算，它突破了实验和理论这两种方法的限制，拓展了人类在认识世界和解决问题是的视野和可行性。例如，模拟那些危险的汽车碰撞实验，不容易观察到的现象、海量信息处理分析等。

计算理论及其技术的变革与其说是带来了一场革命，不如说是带来了思维的革新、给我们带来了看问题的新视角。计算也必将从一种科学研究方法变成人人必备的基本的、创新方法；计算思维也必将成为创新创业能力必备的基本素质之一。计算思维正在试图成为一种全新的世界观和方法论。

（二）计算思维视角下的创新创业教育

计算思维作为一个古老而又年轻的概念，一种基于计算的科学方法论，正在科技界和教育界萌发、激荡和蔓延。所到之处，彻底更新和改变了现在被广泛认同的一些理论和认识。因而，将计算思维作引入创新创业教育，并认识其必要性，必将使得创新创业教育焕发出面向新时代和新技术的崭新面貌。

在“计算思维”的视角下，创新创业教育的内涵和外延都在丰富和扩展，且更具时代性、前沿性和可操作性。

1. 创新创业教育重“道”而不仅仅是重“器”

《易经》有云：“形而上者谓之道，形而下者谓之器。”

当前的创新教育更多地落在政策、团队、平台等外化和物化的内容上，典型的做法是挑选有能力的学生组成创新团队，创造必要的条件，在老师的指导下，就某个具体的项目进行研究，最终获取创新成果。这些当然属于创新能力培育的范畴，但属于狭义上的创新，处于“器”这一层面，只面对少部分学生。从广义上说，创新教育应该面向全体学生，应该在“道”这一层面培养学生的创新思维和创新能力，而不仅仅是具体的创新项目。

就创业教育而言，大学生创办企业毫无疑问属于创业，但这是一种“小创业”，也就是狭义上的创业，是一种以利润为逻辑起点的商业创业，属于“器”这一层面的创业范畴。另一种“大创业”也可称之为社会创业，它是依托创业精神与能力解决社会问题的创业行为，它遵循“三重底线”

---

① Hodgkinson L, Karp R M. Algorithms to detect multiprotein modularity conserved during evolution [J]. IEEE/ACM Transactions on Computational Biology & Bioinformatics, 2012, 9 (4): 1046 - 1058.

的逻辑：社会目的、生态路径与利益创造，属于“道”这一层面的创业范畴。

而计算思维源于计算学科丰富的创新思维，它给大学生传授的是隐性的、过程性的、程序性的知识，从时空上集成和梳理了创新之“树”和创新之“网”，关注的是创新意识、创新思维、创新方法的培养。计算思维这一特质，对创新创业教育的意义在于，使其能更好地从“道”的层面培养学生的创新创业能力。

计算思维教育传授的是“形而上”的创新创业的思想、方法和精神，是抽象层面、意义更广的、更普遍的内涵，而非功利意义下的、“形而下”的、具体的产品创新、公司运营等创新创业。计算思维教育中强调的创新创业，并非具有通识教育特征的创新创业教育，而是培养创新创业能力，并认为这种创新创业能力的形成，是一个自然过程而不是必然过程，其终极成效取决于直接或间接实践经验的积累，与个人的创业意愿、创业意志和创业行为密切相关。

当然，必须指出的是，并不是说“形而下”的、具体的产品创新和创业实体不重要，相反，我们应该鼓励更多的学生在创新作品和创业实体方面多做一些有意义的探索。但是，仅仅停留在这个层面是不够的，团队提倡的创新思维教育及创业文化熏陶，属于层次更高的“形而上”，面向的是所有的大学生，无疑涉及面更广，影响更加深远。只有这样，才有可能实现李克强总理所提出的“大众创业、万众创新”。

在这个多元的创新创业世界里，创新创业教育绝非仅仅应对一时之需。我们必须抓住、抓好“器”这一层面的创新创业，更要高瞻远瞩，走向“道”这一层面的创新创业。我们的创新创业教育要培养的不仅仅是科学家、企业家，而是具有创新创业精神、创新创业意识、创新创业能力的高素质人才。

2. 为创新创业教育找到了新的载体

教育部高教司在2012年设立了以计算思维为切入点的“大学计算机课程改革项目”，计算思维如今在很多高校正在取代大学计算机基础，成为大学生必修的一门课程。

鉴于计算思维对创新创业的支撑作用，原本作为一般通识课的计算思维课程正逐渐演变成创新创业通识课。教育教学方式方法上，也已从传统陈述式讲述法变为程序式揭示法，从传统的以老师为主的传授变为以学生为主的

启发式、思维碰撞式的研讨，且借助于MOOC、翻转课堂等现代教育教学手段等进行着改革。教学内容设计上，可分为两大类：一是通过“计算”，到底能解决什么样的问题，以及如何求解这些问题[①]；二是在计算学科中精妙、高效的计算问题是如何被解决的[②]。这样不仅从形式，也从内容上将计算思维与创新创业教育有机地融合在一起。这种创新创业教育所传授的思想、方法、知识和技术不是空泛的，它能有效地避免陷入纯方法论教育的尴尬局面，确实是创新创业教育的良好载体。

3. 强化了创新创业教育的广度和深度

广度上，创新创业教育的普适层致力于针对所有大学生展开。学生接受程度、是否够“通识”、是否以学生为中心都是创新创业教育关注的热点。由于计算思维具有的普适性，能很好地契合这一普适需求。计算思维富含人类（特别是计算机科学家）经验和智慧，以计算学科中典型的创新案例（如难解的非对称加密技术及其应用等）来组织，通过案例教育与熏陶，催生学生新的灵感、新的理论和方法，乃至新的商业机会。因此，在深度上、在创新创业教育分层结构中，计算思维对创新创业教育的每一个层面都能起到潜移默化的作用和效果，如图3–3所示。这样，创新创业教育面向所有人，打破学科壁垒，为真正实现“大众创业、万众创新”奠定基础。

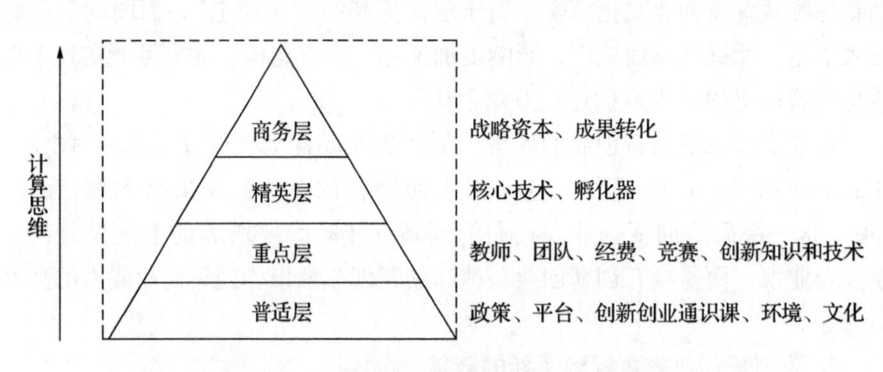

图3–3　计算思维与创新创业教育分层结构

4. 基于计算思维的创新创业教育途径

从本质内涵的角度看，计算思维强调利用计算机科学的基础概念去求解

① 唐培和，徐奕奕，王日凤．计算思维导论［M］．桂林：广西师范大学出版社，2012：11.

② 唐培和，徐奕奕．计算思维：计算学科导论［M］．北京：电子工业出版社，2015：5.

各领域中的问题乃至设计相应的系统，这是典型的学科交叉理念，也是创新思维的重要基础。另外，计算机科学所蕴含的智慧和灵感，本身就是创新思维的典范，对人们求解问题具有非常有意义的借鉴作用，正所谓“温故而知新”。因此，周以真教授也预见到：“computational thinking will be instrumental to new discovery and innovation in all fields of endeavour.”①

在这里，“计算思维”深刻地蕴含着创新的理念、思想、灵感、智慧、火花和方法，因此计算思维教育的本质和核心是创新教育，并且由于计算思维的普适特性，它能更好地体现出计算思维教育与创新的多样性、偶然性的一致性，且由于计算思维教育面向所有的大学生，从而也能为大学生多学科交叉融合与连接创造条件。

具体实践路径、融入模式上，中国所需要的是“计算思维教育＋互联网＋创新创业实践”。我们觉得，计算思维是方法论，互联网是获取信息和沟通、宣传平台，不能直接切入创新创业。虽然创新创业鼓励冒险，鼓励新的点子。但是，必须是靠谱的冒险、靠谱的点子，应该以吻合时代精神的计算思维为指导。

就“计算思维教育＋互联网＋创新创业实践”而言，“计算思维教育”应该定位于普及性教育、前沿性教育，是方法论上的提升，是有操作性的、容易接受的创新思维基础教育。它是正面创新意识的提升，是创新潜意识的激发，且可借助互联网手段让人人获益。然后通过“资本＋创新思维”达成计算思维远景目标的落地，最终实现企业家、资本家、教育家的梦想。

进一步说，计算思维本身贯穿了大量的创新创业的故事，能“教”能“育”。创新创业是计算思维教育后自然的落“实”与应“用”。例如，那种情境式的讨论课或翻转课堂，让学生们去找资料，然后分组研究，无论从教学内容还是教学模式，都是为实施创新教育打基础的。

总之，在大学教育当中，以计算思维教育作为创新教育中创新思维能力培养的载体，不失为一种目前能找到的、最切实可行、可操作的，并且能得到学生喜爱的有效途径，甚至可以说，在计算思维指引下的创新创业教育，会影响创新创业的整个过程。

---

① Jeannette M W. Computational thinking and thinking about computing [J]. Philosophical Transactions, 2008 (366): 3717－3725.

六、基于计算思维的大学计算基础教学改革实践与成效

结合我们多年来对大学计算机基础教育的认识及对计算思维及其教育的研究，广西科技大学自2013年开始，就在不断地进行改革与探索，本节主要就是介绍我们的改革实践与成效。

（一）高等教育规律视域下的计算思维教育

《大辞海》认为，规律是："事物发展过程中的本质联系和必然趋势。具有普遍性、重复性等特点。它是客观的，是事物本身所固有的，人们不能创造、改变和消灭规律，但能认识它，利用它来改造自然界，改造人类社会。"《新牛津英汉双解大词典》认为，规律是："由观察推导出的事实陈述，这种陈述能够达到这样的效果，在一定条件下，特定的自然或科学现象总是发生。"就高等教育规律来看，根据潘懋元教授关于教育内外部关系规律的论述：教育必须与社会发展相适应，教育必须与人的全面发展规律相适应。随着计算机逐步成为每一个人日常无法离开的工具，随着各种事务，无论是自然的、人工的、经济的，还是社会的，都被数字化而成为计算机处理的对象时，信息处理已经成为人们日常工作和生活的基本手段，因此计算思维必然与实证思维和逻辑思维一样，成为一个现代公民必须掌握的基本思维模式。同时，由于人和社会的活动越来越依赖计算机和各种通信设备，这些大量的数据存在已经迫使我们必须从新的角度看待个人的权利和隐私、社会的结构和行为，以及国家的经济安全和政治稳定，从这个意义上讲，计算思维教育已经不仅是个人能力提升的问题，而且是影响到国家的发展战略和安全的一个严重而急迫的大事。国内外一些专家敏锐地捕捉到这一影响全球未来的新动向，提出了加强计算思维研究和教育的建议[①]。

（二）教学改革目标、思路与举措

1. 改革目标

针对长期以来大学计算机基础教育存在的"唯工具论"问题，重新思考大学计算机基础课程的定位、目标、方向等重大问题。我们的教学目标是：以计算思维为导向，融合计算文化，全面更新、重构大学计算机基础教育，强化创新意识和创新能力培养，最终让学生提升对"计算"的认知层

---

① 教育部高等学校大学计算机课程教学指导委员会．计算思维教学改革宣言［J］. 中国大学教学，2013（7）：8－10，17.

次和认知能力。具体来说，就是以计算思维能力培养、计算文化熏陶为导向，重构大学计算机基础教育改革方案，包括更新教学目标、改革教学模式、创新教学方法、凝练教学内容、构建有效的教学资源，并以此为契机改良教学手段和环境等，依据科普教育的理念和方法开展教学实践，最终使不同专业的学生除了获得使用计算机的基本能力，理解计算机系统的应用能力，更重要的是培养训练有素的计算思维能力。也希望经过艰苦努力的探索及教学实践，使我们的成果得到国内专家与同行的高度认可，并在省内外高校推广和应用。

2. 改革思路

为了把大学计算机基础教育真正定位于“具有大学水准的、基础类的通识教育”，改革与建设的思路是：针对我国高校计算机基础教育目前存在的问题，加以认真、客观地剖析，明确问题存在的根源，借鉴国际经验，深入研究计算思维及其教育、计算文化及其教育的本质内涵，形成独到的理论见解，根据高等教育的正确理念，旗帜鲜明地把“计算思维能力培养与计算文化素质熏陶”作为计算机基础教学的核心任务。以计算思维和计算文化为导向重构当前大学计算机基础教育的教学目标、教学内容和教学模式。并进行全方位、立体化的教学实践改革，经过实践检验，总结成果，在更大范围内推广应用。最终确立大学计算机基础教学与大学物理、高等数学同等重要的基础地位，使之成为大学通识教育的一个重要的组成部分。并着实培养学生养成以“计算”为基础的、求解客观世界问题的思维和能力，使之成为新时期训练有素的创新人才。

3. 改革举措

第一，适应高等教育的需求，认真研究计算思维与计算文化教育。教育教学改革必须在正确的理念和理论指导下进行，特别对于大学计算机基础教育，有必要跳出具体的计算学科及其专业范畴，从更高的教育教学认知层面去思考问题，从理论上深入研究计算思维、计算文化及其高等教育的时代需求，最后凝练出正确的结论，用于指导实践。

第二，挖掘、凝练、重构教学内容，加强教材及其教学资源建设。在理论研究成果的指导下，教学改革的重点就是“落地”，落地的关键在于教学内容的挖掘、凝练、重构及其教材和教学资源建设，这是一项极具挑战性的工作，因为都没有先例可借鉴。鉴于实际，我们重构的教学内容如图3-4所示，其中计算文化（Ⅰ）侧重于外显层面的基础知识，计算文化（Ⅱ）

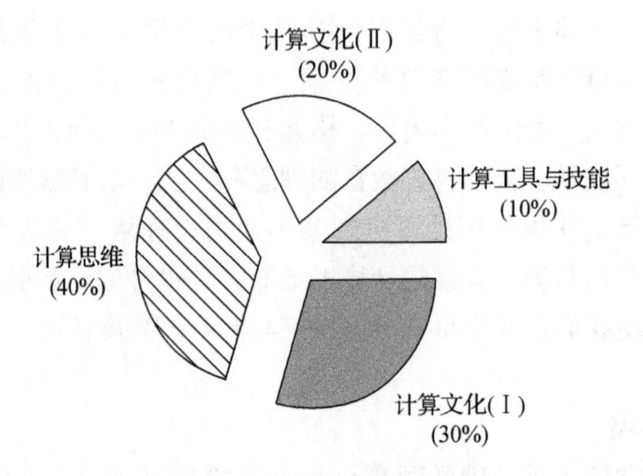

图 3-4　教学内容重构

侧重于内隐层面的逻辑、核心价值观等。

第三，确立教学实施五原则。一是以 MOOC 的方式传导计算思维；二是以传统的方式讲授计算文化外显和内隐的基本概念、知识和理论；三是以翻转课堂的方式促进学生自主学习能力的提升；四是以“作品”的形式考核学生的应用技能；五是以多种方式（途径）考核替代一张试卷。为此，我们制订的新教学设计方案和计算思维课程翻转课堂实施办法，详见附录 1 和附录 2。

第四，稳步开展教学改革与实践。教学改革的成败关乎学生的成长，不能贸然推进。我们的措施是：①用三年的时间，以校级公选课的方式进行教学改革试点。②条件成熟后，从学校层面修订人才培养方案，在校内全面推行。③从理论到实践、从方法到手段、从过程到效果，及时总结，不断完善。

第五，积极推进成果应用与扩大辐射面。教学改革成果应该可复制并产生尽可能大的效益和影响。我们的措施是构建覆盖教学全过程的资源和规范，然后通过学术会议报告、专题报告、互联网等方式推广应用。

（三）教学改革历程

（1）积极稳妥地推行《大学计算机基础导论》。自 2010 年 8 月出版《大学计算机基础导论》后，顶住全区高校统一考试的巨大压力，坚决摒弃“唯工具论”教育的做法，贯彻计算文化教育的思想。此项改革一直持续到 2015 年学校全面推行“计算思维与计算文化”为止，具体如表 3-5 所示。

表 3-5　广西科技大学 2010—2015 年计算机基础教学情况

学期	课程	使用教材（作者）	选课学生数/人	学院、专业、班级
2010—2011 学年第 1 学期	计算机文化基础	《大学计算机基础导论》（唐培和、孙自广、刘永娟等）	3985	电气学院、外语学院、体育学院、机械学院、计通学院、汽车学院、生化学院、土建学院、艺术学院、财经学院、管理学院、理学院、职教学院 13 个学院，2010 级学生，共计 107 个班级
2011—2012 学年第 1 学期	计算机文化基础	《大学计算机基础导论》（唐培和、孙自广、刘永娟等）	4365	电气学院、外语学院、体育学院、机械学院、计通学院、社科学院、汽车学院、生化学院、土建学院、艺术学院、财经学院、管理学院、理学院、职教学院 14 个学院，2011 级学生，共计 113 个班级
2012—2013 学年第 1 学期	计算机文化基础	《大学计算机基础导论》（唐培和、孙自广、刘永娟等）	4054	电气学院、外语学院、体育学院、机械学院、计通学院、汽车学院、生化学院、土建学院、艺术学院、财经学院、管理学院、理学院、社科学院、职教学院 14 个学院，2012 级学生，共计 102 个班级
2013—2014 学年第 1 学期	计算机文化基础	《大学计算机基础导论》（唐培和、孙自广、刘永娟等）	3419	电气学院、外语学院、体育学院、机械学院、计通学院、汽车学院、生化学院、土建学院、艺术学院、财经学院、管理学院、理学院、职教学院 13 个学院，2013 级学生，共计 98 个班级

续表

学期	课程	使用教材（作者）	选课学生数/人	学院、专业、班级
2014—2015 学年第 1 学期	计算机文化基础	《大学计算机基础导论》（唐培和、孙自广、刘永娟等）	3005	电气学院、外语学院、体育学院、机械学院、计通学院、汽车学院、生化学院、土建学院、艺术学院、财经学院、管理学院、理学院、职教学院 13 个学院，2014 级学生，共计 81 个教学班级

那么，教学效果如何呢？表 3-6 的数据应该可以说明问题，这是我们改变教学理念、更换教学内容与教材后所取得的成效。需要特别指出的是，全区的考试大纲侧重于计算技能，我们的教学大纲侧重于计算文化。

表 3-6 广西科技大学计算机基础课程参加全区高校统考成绩统计情况

时间 \ 考试情况	参加考试人数/人	通过人数/人	通过率	备注
2010. 12	4400	3453	78. 48%	自 2014 年起，广西已取消高校计算机基础教学统一考试
2011. 06	944	754	79. 87%	
2011. 12	3849	3176	82. 51%	
2012. 06	636	483	75. 94%	
2012. 12	3553	3128	88. 00%	
2013. 06	470	365	75. 74%	
2013. 12	3739	3341	89. 36%	

（2）自 2013 年起开展“计算思维”教学改革试点。自从 2012 年出版《计算思维导论》以来，为稳妥起见，先在校内每年开设《计算思维导论》公选课，进行教学改革试点，并不断总结经验。2013 年春季学期，共有 2010 级、2011 级、2012 级 3 个年级的学生选修，涉及的专业有：机械工程及自动化、工程力学、汽车服务工程、车辆工程、测控技术与仪器、电子信

息工程、电子信息科学与技术、通信工程、土木工程、工程管理、化学工程与工艺、食品科学与工程、工业工程、物流管理、英语、信息与计算科学、统计学、社会工作、社会体育、经济学、国际经济与贸易、艺术设计、服装设计与工程。教学实践表明，非计算机专业的学生能够很好地学习与接受“计算思维”的熏陶。2013 年秋季学期，在计算机专业推广应用。针对广西科技大学软件工程专业 2013 级学生（共 5 个班）开设《计算思维导论》，替代原有的《计算机导论》。同时，在鹿山学院计算机专业，也开设《计算思维导论》。教学实践表明，教学效果良好。

连续三年开设教学试点班，摸索方法，总结经验，调整教学内容，取得了第一手的实践资料。结果证明，教学效果很好。例如，在教学试点过程中，团队成员徐奕奕老师在发挥传统优势的基础上，注重计算思维能力培养，指导数媒 131、通信 131、132 尝试参与当年广西区等级考试，初次通过率 96%，排全校第三，如表 3-7 所示。特别是，优秀率 29. 9%，排名全校第一，且远高于第二，效果较明显。

表 3-7　试点班成绩分析

2013年12月一级排名简表

	任课教师	班级	不合格	合格	优秀	总计	基本通过率	贡献值	排名分	变化趋势
3	杨毅		2	128	15	145	0.99	0.303	91.79	↑↑↑↑↑
4	王晓荣		2	73	3	78	0.97	0.302	90.71	↑↑↑↑↑
5	徐奕奕		5	77	35	117	0.96	0.295	89.10	↑↑↑↑↑
6	韦江华		2	70	4	76	0.97	0.124	88.87	↑↑↑
7	刘琦		8	186	11	205	0.96	0.151	88.00	↑↑↑
8	叶云		3	73	1	77	0.96	-0.002	86.47	↓
9	刘智		10	177	14	201	0.95	0.017	85.69	↑
10	何春华		4	57	5	66	0.94	0.074	85.29	↑
11	刘永娟		26	295	23	344	0.92	0.178	84.98	↑↑↑
12	何剑		10	168	14	192	0.95	-0.131	84.00	↓↓↓
13	刘智琦		19	162	10	191	0.90	0.143	82.48	↑
14	孙自广		34	125	6	165	0.79	1.069	82.14	↑↑↑↑↑↑↑↑↑
15	邓向姣		6	58	1	65	0.91	-0.002	81.67	↓
16	李炜		27	192	12	231	0.88	0.114	80.62	↑↑
17	赵嵩		16	117	10	143	0.89	-0.065	79.28	↑
18	杨新伦		7	49	4	60	0.88	-0.077	78.73	↓
19	何兴旭		11	61	2	74	0.85	0.014	76.76	↑
20	刘贤庆		18	125	9	152	0.88	-0.304	76.30	↓
21	黄继伟		14	95	1	110	0.87	-0.272	75.83	↓
22	孙宇飞		11	62	3	76	0.86	-0.122	75.75	↓

1	杨毅
2	王晓荣
3	徐奕奕
4	韦江华
5	刘琦
6	刘智
7	何春华
8	刘永娟
9	何剑
10	刘智琦

（3）自 2015 年开始以新编教材《计算思维——计算学科导论》取代原有的《大学计算机基础导论》，在广西科技大学全面推行“计算思维与计算文化”教育。从 2015 年开始，广西科技大学重新修订了人才培养方案的指导性意见，明确每一个本科专业的教学计划必须包含《计算思维与计算文化》课程，统一学时数（理论课 24 学时 + 实践课 28 学时），制定了统一的

教学大纲及其教学规范性文件，除医科外，要求所有大学一年级学生必修《计算思维与计算文化》。2015—2017 年的执行情况，如表 3-8 所示。

表 3-8　广西科技大学 2015—2017 推行《计算思维与计算文化》教育情况

学期	课程	使用教材（作者）	选课学生数/人	学院、专业、班级
2015—2016 学年第 1 学期	计算思维与计算文化	《计算思维——计算学科导论》（唐培和、徐奕奕）	2495	电气学院、机械学院、计通学院、汽车学院、生化学院、土建学院、艺术学院、职教学院 8 个学院，2015 级学生，共计 65 个班级
2015—2016 学年第 2 学期	计算思维与计算文化	同上	854	理学院、财经学院、管理学院 3 个学院，2015 级学生，共计 20 个班级
2016—2017 学年第 1 学期	计算思维与计算文化	同上	3056	电气学院、机械学院、计通学院、汽车学院、国际学院、生化学院、土建学院、艺术学、财经学院、管理学院、理学院、职教学院 12 个学院，2016 级学生，共计 82 个班级

每届 3000 多个学生学习《计算思维与计算文化》，这在全国高校，推行力度都是相当大的。

（四）教学改革成效与影响

6 年多来我们承担了 6 个省部级教改项目、出版了 3 本共计发行 5 万多册的教材；发表了近 20 篇教改论文（含 3 篇核心）；拍摄、制作了 60 多个知识点的 MOOC；设计了教学软件、课程大纲及教学实施方案、实践教学指导书等。教学改革真正实现了从教学目标、教学内容、教学方法和手段到教学考核的全程创新，并在校内外大面积推广应用，成效显著。主要成效与影响有如下几个方面：

①教学改革实践得到学生广泛认可。从学生的评价信息来看，结合学生对课程学习反思，我们发现，大部分学生完成了自己事先制订的计划，也逐渐适应课程的教学方式，能积极地参与学习过程，对学习的体验满意度“好”以上达75%，对学习过程是否有收获，“好”以上达80%，说明学生对课程改革的认可度较高，不管是知识与技能、思想和意识、情感和态度等方面，至少学生觉得都收获不小。

②所编教材获得广泛认可和推广。《计算思维导论》《计算思维——计算学科导论》出版后，国内同行纷纷来信来函，有索书的、有要求课件等课程资源的、有提供意见和建议的等，2015年新版教材《计算思维——计算学科导论》出版后，根据来人来函统计，我们的教学成果已经先后推广到广西区内的广西师范学院、钦州学院，以及国内的河北经贸大学、武昌理工学院、四川大学锦江学院、湖北科技学院等多所高校使用。2013年在申报、评审教育部社科司组织的大学出版社优秀教材时，时任教育部教指委主任的陈国良院士、教育部计算机科学与技术教学指导委员会副主任、非计算机专业计算机课程教学指导分委员会主任委员、国家级教学名师、西安交通大学国家级计算机基础教学团队带头人冯博琴教授亲自为我们的《计算思维导论》撰写专家推荐意见，最终该教材获优秀教材一等奖。2013年7月，教育部高等学校大学计算机课程教学指导委员会推出的《计算思维教学改革白皮书》中，我们编著的《计算思维导论》成为该白皮书的5个主要参考文献之一。

③项目团队成员应邀参加学术报告。团队主要要成员唐培和、徐奕奕等自2012年底以来，先后应邀到深圳、重庆、武汉、成都、哈尔滨、新疆石河子、锡林浩特、张家界、桂林、柳州、钦州、来宾等地的全国性、省级大学计算机基础教育会议及兄弟院校做了19场学术报告，得到了与会和同行专家的高度评价。

④总结多年来的研究与实践，我们在计算思维及其教育方面荣获了广西科技大学2017年度教学成果特等奖，以及2017年广西高等教育教学成果一等奖。

第3节　计算思维教育案例选

我们知道，具体教学内容的归纳、总结和凝练是计算思维教育落地的关键之所在。本节我们抛砖引玉地从计算思维方法论、面向计算的计算思维及基于计算的计算思维3个不同的层面各自选取了一个具有典型意义的实例加以说明，以求给大家真正理解计算思维的特别和意义①②。当然，案例非常多，需要大家不断地归纳与总结。

一、案例1：穷举法（也称枚举法，enumeration）

先从一些生活中的事例说起。

大家知道，旅行箱现在多半都配了密码锁。外出旅行时，为安全起见，人们都会用密码锁锁住旅行箱。令人尴尬的是，有时候人们会忘记密码，这可怎么办呢？最笨也许最可行的办法就是从“000”到“999”挨个儿试，不用想，密码肯定能找出来！不过，这是一件很不爽的苦差事，但确实能解决问题！

再看另一个有趣的事例。

某年某月某日漫步街头，发现有人在街边设了这么一个“赌局”：一中年男子在地上摆一张白纸、一支笔，旁边还有一份“游戏规则”，规则明确指出：谁要是一口气不间断地在白纸上从1写到300而没有半点错漏，则奖励20元；如果有一点错漏，则输给设局之人5元，如图3–5所示。

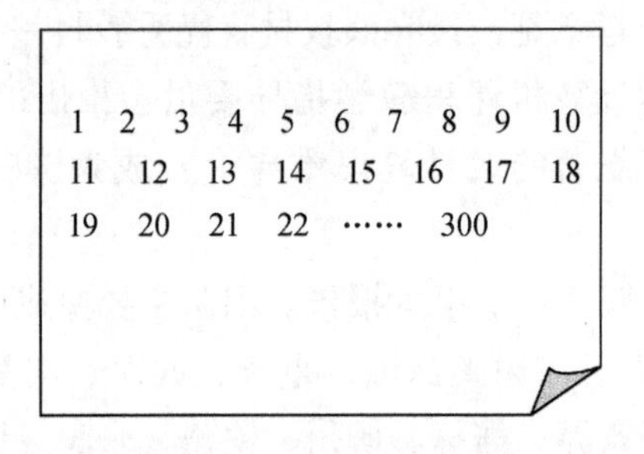

图3–5 看似简单的赌局

这么简单的“游戏”，谁都认为自己能赢。于是，不少人上前一试“身手”。结果出人意料，竟然输多赢少，设局之人暗自高兴不已！

为什么这么简单的事情“输多赢少”呢？原来人很容易疲劳。虽然写几个数字是很简单的事情，但不断重复这些简单的事情容易使人疲劳，人一疲劳就容易出错。这或许是人类自身的弱点之一。

---

① 唐培和，徐奕奕，王日凤. 计算思维导论［M］. 桂林：广西师范大学出版社，2012.

② 唐培和，徐奕奕. 计算思维：计算学科导论［M］. 北京：电子工业出版社，2015.

正因如此，我们知道一些睡眠有问题（神经衰弱，不容易睡着）的人，躺下去后就开始数数，或者想象着在草地上数羊，数着数着就睡着了……

恰恰相反的是：计算机跟人不一样，与人相比，它的最大特点恐怕就是计算速度非常快（在这一点上，人类已经被远远地甩在了后面，而且永远也别想赶上了），不怕麻烦，不会疲劳，除非出现硬件故障或掉电。

穷举法正是利用了计算机的这一特性，甚至把这一特性发挥到了极致！

我们知道，银行卡的密码通常是6位数字，也就是说任何一张银行卡的密码都在“000000”到“999999”这个范围。理论上，如果一个一个去试探，只要有足够的耐心和时间，肯定可以试探出来，只是没有哪一家银行的柜员机允许你这样做（通常只允许试3次）。即便允许你这样去试探，恐怕也要把人累晕过去。但是，如果利用计算机来做这件事，恐怕要不了1秒钟就可以“搞定”。这种破解方法也称为暴力破解法，也称为蛮力法。

可见，穷举法的基本思想是：首先依据问题的部分条件确定解的大致范围，然后在此范围内对所有可能的情况逐一验证，直到全部情况验证完为止。若某个情况使验证符合问题的条件，则为问题的一个解；若全部情况验证完后均不符合问题的条件，则问题无解。

让我们看一个实际的例子。

例3-1　“百鸡问题”：公鸡每只5元，母鸡每只3元，小鸡3只1元。花100元钱买100只鸡，若每种鸡至少买一只，试问有多少种买法？

解　“百鸡问题”是求解不定方程的问题：设x，y，z分别为公鸡、母鸡和小鸡的只数，公鸡每只5元、母鸡每只3元、小鸡3只1元。对于百元买百鸡问题，可写出下面的代数方程：

$$\begin{cases} x+y+z=100 \\ 5x+3y+z/3=100 \end{cases}$$

除此之外，再也找不出方程了，那么两方程怎么解3个未知数？这是典型的不定方程（组），这类问题用枚举法写算法就十分方便：

```
void BuyChicks( )
  {
      for( x = 1;x≤20;x + + )   /* 最多可以买20只公鸡、33只母鸡 */
        for( y = 1;y≤33;y + + )
          {
```

```
        z⇐100 - x - y;
        if(5x + 3y + x/3 = 100)
          printf("% d,% d,% d\n",x,y,z);
        }
}
```

本题的基本思想是把 x、y、z 所有可能的取值组合一一列举（显然，在这里 $1 \leqslant x \leqslant 20$，$1 \leqslant y \leqslant 33$），解必在其中，而且不止一个（组）。有了这样的算法，写出程序就不是什么难事了。运行程序，结果很快就可以获得。

同样的问题，如果不借助于计算机技术，采用传统的手工计算或数学方法，求出所有的解是很麻烦的，问题如果再复杂一点甚至是不可能的。进一步说，生活中除非非常简单的问题，一般是不太可能采用穷举法解决问题的。而穷举法的思想非常简单，思路清晰，看起来很笨，但借助于计算机技术，效果却非常好。

事实上，利用计算机技术求解问题，很多时候都会用到穷举法。尽管穷举法对人来说是难以胜任的，甚至是反人性的，但却恰恰发挥了计算机技术的特长，弥补了手工计算的不足。

所以，借助于计算机科学与技术，利用穷举法求解客观世界的问题，确实是一种非常有效且很特别的计算思维，当然，这是狭义层面上的计算思维。

二、案例2：难解的非对称加密技术

让我们从一个非常简单的实例开始。

假定你和朋友张三及对手李四在一个房间里。你想要秘密地传输一条消息给张三，但又不能让李四知道。而你只能通过说话和张三联系，无法小声耳语或传纸条。也就是说，你跟张三说什么，李四都能听到。

为方便起见，假设这是一个极其重要的数字（1～9）。

具体来说，让我们假设你试图传输的数字为7。有一种方法可以让你达成目标：首先，尝试想一些张三知道而李四不知道的数字。例如，你和张三成为朋友很久了，从孩提时就生活在同一条街上。事实上，假设你俩经常在你家前院玩耍，门牌号是某某街322号。其次，假设李四并不是从小就认识你，特别是他不知道你和张三过去经常玩耍的街道地址。你就能对张三说：

“嘿，张三，记得我家所在街道的门牌号吗？我们过去一起玩耍的地方。如果你用门牌号，加上我现在想到的数字中的1个数，你会得到329。”

现在，只要张三能正确地记得那条街道的门牌号，他就可以通过将你告诉他的数329和街道门牌号相减，得到你要告诉他的数字。也就是329－322＝7，这也是你试图向他传输的数字。同时，李四却不知道数字是多少，尽管他能仔细地听到你跟张三说什么。

为什么这种方法能奏效？因为你和张三有一样东西，也就是计算机科学家们所谓的共享密钥：322。因为你俩都知道这个数字，但李四却不知道，你可以使用这个共享密钥秘密地传输任何数字，只要和共享密钥相加，说出总数，让另一方减去共享密钥即可。听到总数对李四没有任何用处，因为他不知道要减去哪个数字。

不管你是否相信，如果理解了这个简单的思想，你就理解了互联网上绝大多数加密真正的工作原理！当然了，要想真正实现保密性，还有一些细节需要注意。

首先，计算机使用的共享密钥要比街道门牌号（如322）长很多。如果密钥太短，任何窃听对话的人都可以尝试所有的可能性。例如，假设我们用1个3位数街道门牌号来加密1个16位数。注意，3位数的街道门牌号只有999种可能，那么像李四这样窃听了双方对话的人可以列出一个包含所有999种可能数据的表，密钥肯定就在其中了。对计算机来说，几乎不费吹灰之力就能试遍999个数，从而找出密钥。因此，我们需要用更长的数来作为共享密钥。

其次，上述加密思想要还要克服一个困难：人们可以通过分析大量的、你加过密消息来得到密钥。间谍片（电影或电视）中常有这样的情节。为此，一种被称为“分块密码”（block cipher）的现代加密技术诞生了——首先，长消息被分解成固定大小的“块”。其次，每个块都会根据一系列方法转换数次。这些规则类似于加法，但会让消息和密钥更紧密地混合在一起。例如，转换方法可以是将密钥的前半部分和这块消息的后半部分相加，倒置结果，再将密钥的第二部分和这块消息的前半部分相加等，甚至转换方法更复杂一些。现代分块密码，如高级加密标准（advanced encryption standard，AES），基本上会进行10“轮”或更多类似操作。在转换的次数足够多时，原始消息会真正地混合好，并能抵御统计攻击，但任何知道密钥的人都能用相反的步骤运行所有操作，以获得最初的、解密的消息。

到此，似乎没有什么问题了，其实不然！

因为，在上面所举的例子中，在你和张三沟通时，我们有一个假定，那就是你和张三从小很熟悉，你们之间有一些事情李四不了解。例如，李四不知道你家的门牌号。如果大家都是陌生人，而你又要告诉张三 1 个秘密数字，那怎么办？

乍一看，要做到这一点似乎不可能，但还是有个精巧的办法能解决这个问题。这就是计算机科学家们称之为迪菲－赫尔曼密钥交换（Diffie-Hellman key exchange）的解决方案[①]。

要理解这一精妙绝伦的思想和方法，还是先让我们做一个看起来很滑稽的假设——假设李四知道如何做加法和乘法，但不知道如何做除法。先不管这样的假设是否现实，既然是假设，先认定这样的前提再说。

有了这样的假定，就会有下面这样有趣的事情：给定两个数 5 和 7，李四知道它们的乘积是 35；但是给定乘数是 5、乘积是 35，李四是无法知道另一个被乘数是 7 的。因为李四不知道如何做除法。这就像将不同的颜料混合起来，调和成一种新的颜色很容易，但要将其“分开”并获得原来的颜料则不可能一样。

好，现在看看你和张三之间如何传递信息而又不让李四知道。过程如下：

第一步，你和张三各选一个只有自己知道的数。比如，你选择了 4，张三选择了 6。这是心中的“秘密”，别人是无法知道的。

第二步，你另选一个数并公布，让大家都知道。假设你选择了 7 作为一个公开的数。也就是说，张三和李四都知道这个数是 7。

第三步，将你所选的私密数 4 和公之于众的数 7 相乘，得到乘积 28，然后公布这个结果。张三也将自己所选的私密数 6 和公之于众的数 7 相乘，得到结果 42，并且公布这个结果。

第四步，你把张三公布的结果 42 乘以你的私密数 4，结果是 168。同样，张三用你公布的乘积 28 乘以他自己选定的私密 6，也令人惊讶地得到了相同的结果 168。

---

① 迪菲－赫尔曼密钥交换机制是在互联网上建立共享密钥的方法之一。这一机制以怀特菲德·迪菲（Whitfield Diffie）和马丁·赫尔曼（Martin Hellman）的名字命名，他俩于 1976 年首次发表了这一算法。

事实上，当你仔细分析一下时，这一点并不奇怪。因为你和张三通过将同样的3个数4、6和7相乘，得到了相同的结果（$4\times6\times7=168$）。通过这种办法，你相当于告诉了张三一个绝密的数168，而李四却无法知道。原因是李四不知道如何做除法运算，尽管他听到你说28，张三说42，还知道另一个公开的数是7。如果李四知道如何做除法，他就能马上知道你和张三选定的私密数，因为$28\div7=4$和$42\div7=6$，进而也就知道你向张三传递的机密是168。

可要命的是，李四不可能傻到不懂除法运算！如果前提不成立，推出的任何结论都没有意义。

前功尽弃了？

不！数学家们给我们想出了非常有效的办法——即便李四知道如何做除法，也让他无能为力或者得不偿失！比如说，李四要用50年或100年才能算出他想要的结果，那样的话，即便他能算出结果来，也已经失去实际意义了。

为了更好地理解数学家们的工作，我们先学习两个基本的概念：一个是素数，另一个是模运算。一说到数学，很多人就紧张，感觉很抽象，很不好理解。但抽象有抽象的好处，能简明扼要地表达一种思想或理论，习惯了就好了。尽管如此，本书仍然不打算过多地涉及数学公式，尽量以一种大家容易接受的方式来介绍一些数学理论知识。

所谓素数，也称质数（prime number），它是这样的自然数，除了1和它本身之外，不能被其他自然数所整除。换句话说，就是除了1和它本身以外不再有其他的因数。这个概念应该不难理解。例如，11就是一个素数，除了1和11之外，你找不到任何一个可以整除的自然数。可以想象，这样的素数很多很多，用数学语言来描述，就是无穷多个。光100以内的素数就有2、3、5、7、11、13、17、19、23、29、31、37、41、43、47、53、59、61、67、71、73、79、83、89、97，共25个。

与之相关的一个概念叫互素（或称互质）。所谓互素，就是两个或多个自然数的最大公因数为1，则称它们为互素。例如，8和10的最大公因数是2，不是1，因此它们不是互素；但7、10、13的最大公因数是1，因此它们互素。

再看看什么是模运算？所谓模运算，也就是取余运算，即一个自然数除以另外一个自然数所得的余数（在这里我们只关心自然数）。之所以叫模运算，与英文“MOD”的读音有关。例如，7 mod 4 = 3，也就是说 7 除以 4，余数为 3。

好了，有了这些概念的铺垫，我们可以了解科学家们是怎么解决问题的了。

数学家们已经证实：用两个巨大的素数相乘并获取其乘积不是一件很难的事，但要想从该乘积反推出这两个巨大的素数却没有任何有效的办法，这种不可逆的单向数学关系，是国际数学界公认的质因数分解难题。

罗纳德·李维斯特（Ronald Rivest）、阿迪·沙米尔（Adi Shamir）和雷奥纳德·阿德尔曼（Leonard M. Adlemen）3 人巧妙利用这一理论难题，设计出了著名的 RSA 公匙加密算法①，其基本思想如下：

第一步，用计算机随机产生两个很大的素数 p 和 q，然后计算其乘积 N，即 $N = p \times q$。这里所说的“很大”是个什么概念？通常由上百位甚至几百位数字组成的素数。尽管素数很大，但这一步由计算机来完成也就不是什么难事了。

第二步，利用 p 和 q 有条件的生成加密密钥 e。这里所说的条件是：e 与 $(p-1)(q-1)$ 互素，并且 $e < (p-1)(q-1)$。显然，满足条件的 e 不止一个两个，可任选一个。为什么是 $(p-1)(q-1)$？因为根据欧拉函数，不大于 N 且与 N 互质的整数个数为 $(p-1)(q-1)$。本书读者可暂不深究欧拉函数，有兴趣的读者可参阅数论方面的书籍。

第三步，通过一系列计算，得到与 N 互为素数的解密密钥 d。计算公式如下：$d \times e \equiv 1\ [\bmod\ (p-1)(q-1)]$。换一种写法就是：$(d \times e) \bmod [(p-1)(q-1)] = 1$。在 p、q、e 都已知的情况下，求 d 的值应该不是什么困难的事了。例如，选择素数 $p = 7$，$q = 11$，可计算出：$N = p \times q = 7 \times 11 = 77$。$(p-1)(q-1) = 6 \times 10 = 60$，如果选择加密密钥 $e = 7$，则根据公式 $d \times e \equiv 1\ [\bmod\ (p-1)(q-1)]$，则 $7 \times d \equiv 1\ (\bmod 60)$，即 $7d \bmod 60 = 1$。我们知道 $7 \times 43 = 301$，而 301 除以 6 刚好余 1。所以 $d = 43$。

第四步，将 N 和 e 共同作为公匙对外发布，将私匙 d 秘密保存起来，绝不可泄露。初始素数 p 和 q 的使命就完成了，可秘密销毁或丢弃。

---

① 罗纳德·李维斯特（Ronald Rivest）、阿迪·沙米尔（Adi Shamir）和雷奥纳德·阿德尔曼（Leonard M. Adlemen）于 1978 年发表了 RSA，但人们后来发现，英国政府在数年前就已经知道类似系统。不幸的是，那些发明迪菲－赫尔曼机制和 RSA 的先驱们是英国政府通信实验室 GCHQ 的数学家。他们工作的结果被记录在内部机密文件中，直到 1997 年才解密。

到此，公开密钥系统就设计完成了。

当你需要向张三传输不想让别人知道的信息（简称明文）时，就用加密密钥 e 按某种特定的方式对其加密（密码化），然后将加密后的信息（简称密文）连同公钥 N 和 e 一起向外发布，张三接收到密文及公钥 N 和 e 后，计算出解密密钥 d，按特定的方式就可以把密文还原成明文了，即解密。即使李四接收到密文以及公钥 N 和 e，他也是无法计算出解密密钥 d 的。

国际数学界和密码学界已证明，企图利用公匙和密文推断出明文，或者企图利用公匙推断出私匙的难度等同于分解两个巨大素数的积。这就是李四不可能对你的加密后密文解密，以及不可能知道公匙可以在网上公布的原因。

事实上，公开密钥方法保证产生的密文是统计独立而且分布均匀的。也就是说，不论给出多少份明文和对应的密文，也无法根据已知的明文和密文的对应来破译下一份密文。这也是电视连续剧《暗算》里传统的密码破译员老陈破译了一份密报，但无法推广的原因，而数学家黄依依预见到了这个结果，因为他知道敌人新的“光复一号”密码系统编出的密文是统计独立的。

更重要的是 N，e 可以公开给任何人加密用，但是只有掌握密钥 d 的人才可以解密，即使加密者自己也是无法解密的。这样，即使加密者被抓住叛变了，整套密码系统仍然是安全的。（而凯撒大帝的加密方法，只要有一个知道密码本的人泄密，整个密码系统就公开了。）

要破解公开密钥的加密方式，至今的研究结果表明最好的办法还是对大数 N 进行因数分解，即通过 N 反过来找到 P 和 Q，这样密码就被破解了。而找 P 和 Q 目前只有用计算机把所有的数字试一遍这种笨办法。这实际上是在拼计算机的速度，这也就是为什么 P 和 Q 都需要非常大。

让我们回到电视剧《暗算》中，黄依依第一次找的结果经过一系列计算发现无法“归零”，也就是说除不尽，应该可以看作她可能试图将一个大数 N 做分解，没成功。第二次计算的结果是“归零”了，说明她找到了 $N = P \times Q$的分解方法。当然，这样复杂的计算是不可能用算盘完成的，这就是电视剧的“夸张”，或者“硬伤”。另外，电视剧里提到冯·诺依曼，说他是现代密码学的祖宗，这是常识性错误，应该是香农。冯·诺依曼的贡献在发明现代电子计算机和提出博弈论（game theory），和密码无关。

当然了，世界上没有永远破不了的密码，关键是它能有多长时间的有效期。一种加密方法只要保证50年内计算机破不了也就可以满意了。需要说明的是，针对RSA加密方法，人们已经用计算机进行了成功的破解。1999年，RSA-155（512bits）被成功分解，花了5个月时间（约8000MIPS年）和224CPU hours，在一台有3.2 G内存的Cray C916计算机上完成。2002年，RSA-158也被成功因数分解。RSA-158表示如下：

39505874583265144526419767800614481996020776460304936454139376051579355626529450683609727842468219535093544305870490251995655335710209799226484977949442955603 = 3388495837466721394368393204672181522815830368604993048084925840555281177 × 11658823406671259903148376558383270818131012258146392600439520994131344334162924536139

2009年12月12日，编号为RSA-768（768bits，232digits）数也被成功分解。这一事件威胁了现通行的1024-bit密钥的安全性，普遍认为用户应尽快升级到2048-bit或以上。RSA-768 =

1230186684530117755130494958384962720772853569595334792197322452151726400507263657518745202199786469389956474942774063845925192557326303453731548268507917026122142913461670429214311602221240479274737794080665351419597459856902143413 = 33478071698956898786044169848212690817704794983713768568912431388982883793878002287614711652531743087737814467999489 × 36746043666799590428244633799627952632279158164343087642676032283815739666511279233373417143396810270092798736308917

对此，大家没有必要担心，只要进一步加大两个素数就可以了。至于那两个很大的素数到底要多大才能保证安全的问题基本不用担心。即便计算机的计算速度再快，人们也可以找到更大的素数让计算机“傻眼”。

值得说明的是RSA、迪菲－赫尔曼机制和其他公钥加密系统不仅仅是绝妙的思想。它们还发展成了商业技术和互联网标准，对商业和个人有着极其重要的意义。没有公钥加密，我们每天使用的绝大部分在线交易都不可能安全地完成。

三、案例三：蒙特·卡罗方法及应用

蒙特·卡罗方法（Monte Carlo method）是由20世纪40年代美国在第二次世界大战中研制原子弹的“曼哈顿计划”计划的成员乌拉姆和冯·诺依曼首先提出。数学家冯·诺依曼用驰名世界的赌城——摩纳哥的蒙特·卡罗

（Monte Carlo）来命名这种方法，为它蒙上了一层神秘色彩。在这之前，蒙特·卡罗方法就已经存在。1777 年，法国数学家布丰（Georges Louis Leclere de Buffon，1707—1788 年）提出用投针实验的方法求圆周率 π。这被认为是蒙特·卡罗方法的起源。

在科学研究过程中，蒙特·卡罗方法是一个非常有用的方法。在许多实际问题中，都有用武之地。方法本身并不复杂，只要掌握概率论、数理统计及计算机科学与技术的基本知识，就可以学会并加以应用。由于这种算法与传统的确定性算法在解决问题的思路方面截然不同，作为计算机科学与技术相关人员及程序员，掌握此方法，可以开阔思维，为解决问题增加一条新的思路。

我们首先从直观的角度，介绍蒙特·卡罗方法，然后介绍其基本思想与工作过程，最后通过实例对比介绍基于蒙特·卡罗方法的应用及其优点。

（一）蒙特·卡罗方法导引

首先，我们来看一个有意思的问题：在一个 1 平方米的正方形木板上，随意画一个圈，求这个圈的面积。

我们知道，如果圆圈是标准的，我们可以通过测量半径 r，然后用 $S=\pi\cdot r^2$ 来求出面积。可是，我们画的圈一般是不标准的，有时还特别不规则，如图 3-6 所示。

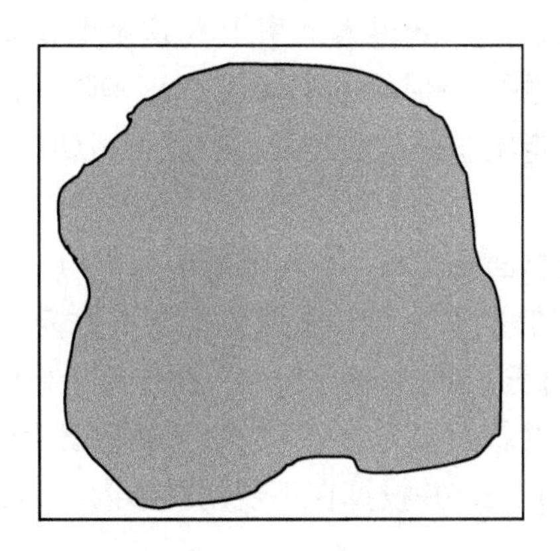

图 3-6　不规则图形

显然，这个图形不太可能有面积公式可以套用，也不太可能用解析的方法给出准确解。不过，我们可以用如下方法求这个图形的面积：

假设你手里有一支飞镖，你将飞镖掷向木板。并且，我们假定每一次都能掷在木板上，不会偏出木板，但每一次掷在木板的什么地方，是完全随机的。即每一次掷飞镖，飞镖扎进木板的任何一点的概率是相等的（从数学的角度来说掷点的概率分布是均匀的）。这样，我们投掷多次，如投掷 100 次，然后我们统计这 100 次中，扎入不规则图形内部的次数，假设为 k，那么，我们就可以用 $k/100\times1$ 近似估计不规则图形的面积。假设 100 次有 32 次掷入图形内，我们就可以估计图形的面积为 0.32 平方米。如果我们认为结果不太准确，那你可以投掷 1000 次，甚至更多次，然后进行统计计算。可以想象的是，投掷的次数越多，最后的计算结果越准确。

以上这个过程就是蒙特·卡罗方法直观应用实例。

非形式化地说，蒙特·卡罗方法泛指一类算法。在这些算法中，要求解的问题是某随机事件的概率或某随机变量的期望。这时，通过“实验”方法，用频率代替概率或得到随机变量的某些数字特征，以此作为问题的解。

上述问题中，如果将“投掷一次飞镖并掷入不规则图形内部”作为事件，那么图形的面积在数学上等价于这个事件发生的概率（稍后证明），为了估计这个概率，我们用多次重复实验的方法，得到事件发生的频率$k/100$，以此频率估计概率，从而得到问题的解。

从上述可以看出，蒙特·卡罗方法区别于确定性算法，它的解不一定是准确或正确的，其准确或正确性依赖于概率和统计，但在某些问题上，当重复实验次数足够大时，可以从很大概率上（这个概率是可以在数学上证明的，但依赖于具体问题）确保解的准确性或正确性，所以，我们可以根据具体的概率分析，设定实验的次数，从而将误差或错误率降到一个可容忍的程度。

上述问题中，设总面积为 S，不规则图形面积为 S_1，共投掷 n 次，其中掷在不规则图形内部的次数为 k。根据伯努利大数定理，当试验次数增多时，k/n 依概率收敛于事件的概率 s/S_1。下面给出严格的证明：

为不失一般性，设总面积为 S，其中的不规则图形面积为 θ。

设事件 A：投掷 1 次，并投掷在不规则图形内。因为投掷点服从二维均匀分布，所以有 $p\ (A)=\dfrac{\theta}{S}$。

设 k 是 n 次投掷中，投掷在不规则图形内的次数，$\varepsilon>0$ 为任意正数。根据伯努利大数定律：

$$\lim_{x\to\infty}p\left\{\left|\frac{k}{n}-p(A)\right|<\varepsilon\right\}=\lim_{x\to\infty}p\left\{\left|\frac{k}{n}-\frac{\theta}{S}\right|<\varepsilon\right\}=1$$

这就证明了，当 n 趋向于无穷大时，频率$\frac{k}{n}$依概率收敛于$\frac{\theta}{S}$。

证毕。

上述证明从数学角度说明用频率估计不规则图形面积的合理性，进一步可以给出误差分析，从而选择合适的实验次数 n，以将误差控制在可以容忍的范围内。

从上面的分析可以看出，蒙特·卡罗算法虽然不能保证解一定是准确的和正确的，但并不是“撞大运”，其正确性和准确性依赖概率论，有严格的数学基础，并且通过数学分析手段对实验加以控制，可以将误差和错误率降至可容忍的范围。

（二）蒙特·卡罗方法的基本思想与过程

蒙特·卡罗方法也称统计模拟方法、随机抽样技术，是一种以概率统计理论为指导的一类非常重要的数值计算方法。它利用随机数（或更常见的伪随机数）来解决很多计算问题，方法是将所求解的问题同一定的概率模型相联系，用计算机实现统计模拟或抽样，以获得问题的近似解。它是一种不确定性的方法，与它对应的是确定性算法。蒙特·卡罗方法在金融工程学、宏观经济学、计算物理学（如粒子输运计算、量子热力学计算、空气动力学计算）等领域应用广泛。

蒙特·卡罗方法的基本思想是当所求解问题是某种随机事件出现的概率，或者是某个随机变量的期望值时，通过某种“实验”的方法，以这种事件出现的频率估计这一随机事件的概率，或者得到这个随机变量的某些数字特征，并将其作为问题的解。蒙特·卡罗方法解题过程的 3 个主要步骤：

1. 构造或描述概率过程

对于本身就具有随机性质的问题，如粒子输运问题，主要是正确描述和模拟这个概率过程，对于本来不是随机性质的确定性问题，如计算定积分，就必须事先构造一个人为的概率过程，它的某些参量正好是所要求问题的解。即将不具有随机性质的问题转化为随机性质的问题。

2. 实现从已知概率分布抽样

构造了概率模型以后，由于各种概率模型都可以看作是由各种各样的概率分布构成的，因此产生已知概率分布的随机变量（或随机向量），就成为实现蒙特·卡罗方法模拟实验的基本手段，这也是蒙特·卡罗方法被称为随机抽样的原因。最简单、最基本、最重要的一个概率分布是（0，1）上的均匀分布（或称矩形分布）。随机数就是具有这种均匀分布的随机变量。随机数序列就是具有这种分布的总体的一个简单子样，也就是一个具有这种分布的相互独立的随机变数序列。

在计算机上，可以用物理方法产生随机数，但价格昂贵，不能重复，使用不便。另一种方法是用数学递推公式产生。这样产生的序列，与真正的随机数序列不同，所以称为伪随机数或伪随机数序列。不过，经过多种统计检验表明，它与真正的随机数或随机数序列具有相近的性质，因此可把它作为真正的随机数来使用。

由于已知分布随机抽样有各种方法，与从（0，1）上均匀分布抽样不同，这些方法都是借助于随机序列来实现的，也就是说，都是以产生随机数为前提的。由此可见，随机数是我们实现蒙特·卡罗方法的基本工具。

3. 建立各种估计量

一般来说，构造了概率模型并能从中抽样后，即实现模拟实验后，我们就要确定一个随机变量，作为所要求的问题的解，我们称它为无偏估计。建立各种估计量，相当于对模拟实验的结果进行考察和登记，从中得到问题的解。

（三）蒙特·卡罗方法的应用与分析

通常蒙特·卡罗方法通过构造符合一定规则的随机数来解决数学上的各种问题。对于那些由于计算过于复杂而难以得到解析解，或者根本没有解析解的问题，蒙特·卡罗方法是一种有效的求出数值解的方法。

一般蒙特·卡罗方法在数学中最常见的应用就是蒙特·卡罗积分。

计算定积分是金融、经济、工程等领域实践中经常遇到的问题。通常，计算定积分的经典方法是使用 Newton-Leibniz 公式：

$$\int_a^b f(x)\,\mathrm{d}x = F(b) - F(a)$$

其中，$F(x)$ 为 $f(x)$ 的原函数。

这个公式虽然能方便计算出定积分的精确值，但是有一个局限就是要首先通过不定积分得到被积函数的原函数。有的时候，求原函数是非常困难的，而有的函数，如 $f(x)=(\sin x)/x$，已经被证明不存在初等原函数，这样，就无法用 Newton-Leibniz 公式，只能另想办法。

下面就以 $f(x)=(\sin x)/x$ 为例介绍使用蒙特·卡罗算法计算定积分的方法。

首先需要声明，$f(x)=(\sin x)/x$ 在整个实数域是可积的，但不连续，在 $x=0$ 这一点没有定义。但是，当 x 趋近于0其左右极限都是1。为了严格起见，我们补充定义当 $x=0$ 时，$f(x)=1$。

另外为了需要，这里不加证明地给出 $f(x)$ 的一些性质：补充 $x=0$ 定义后，$f(x)$ 在负无穷到正无穷上连续、可积，并且有界，其界为1，即 $|f(x)|<=1$，当且仅当 $x=0$ 时，$f(x)=1$。

为了便于比较，在本节我们除了介绍使用蒙特·卡罗方法计算定积分外，同时也涉及数值计算中常用的插值积分法，并通过实验结果数据对两者的效率和精确性进行比较。

1. 四种选定的数值积分法

我们知道，对于连续可积函数，定积分的直观意义就是函数曲线与 x 轴围成的图形中，用 $y>0$ 的面积减掉 $y<0$ 的面积。为便于对比，下面给出4种不同的数值积分法。

首先，最简单、最直观的数值积分方法是简单梯形法——用以 $f(a)$ 和 $f(b)$ 为底，x 轴和 $f(a)$、$f(b)$ 连线为腰组成的梯形面积来近似估计积分。显然，该方法的效果一般，而且某些情况下偏差很大。

其次，有人提出了一种改进的梯形法——将积分区间分段，然后对每段计算梯形面积再加起来，这样精度就大幅提高了。并且分段越多，精度越高。

除了梯形法外，还有其他方法，比较常见的有 Sinpson 法则，当然对应的也有改进的 Sinpson 法。

下面给出4种数值积分的公式：

简单梯形法：$\int_a^b f(x)\,dx \approx \frac{b-a}{2}[f(a)+f(b)]$

改进梯形法：$\int_a^b f(x)\,dx \approx \sum_{i=1}^{n} \frac{x_i - x_{i-1}}{2}[f(x_{i-1})+f(x_i)]$

Sinpson 法：$\int_a^b f(x)\,dx \approx \frac{b-a}{6}\left[f(a)+4f\left(\frac{a+b}{2}\right)f(b)\right]$

改进 Simpson 法：$\int_a^b f(x)\,dx \approx \sum_{i=1}^{n/2} \frac{b-a}{3n}[f(x_{2i-2})+4f(x_{2i-1})+f(x_{2i})]$

2. 四种数值积分法与蒙特·卡罗法的比较

一个方法怎么样，通过实例测试总能说明问题。针对以上4种数值计算方法及蒙特·卡罗法，以 $\sin x/x$ 在［1，2］区间上的定积分计算为例，编程测试它们的实际效果（绝对误差、相对误差和执行时间）。测试时，针对改进梯形法和改进 Sinpson 法，我们把积分区间［1，2］分别划分为10、10 000和10 000 000个分段。另外，针对蒙特·卡罗法，投点数（随机数个数）也分为10、10 000和10 000 000。有人在此基础上给出了如表3-9所示的测试结果。

表3-9　测试对比数据

	绝对误差	相对误差	执行时间
梯形法	0.011 27	1.7%	<1 ms
改进梯形法（10分段）	0.000 111 8	0.016 958%	<1 ms
改进梯形法（10 000分段）	0.000 000 056 323 58	0.000 008 54%	5 ms
改进梯形法（10 000 000分段）	0.000 000 056 82	0.000 008 617 9%	972 ms
Sinpson 法	0.427 629 899 4	64.858%	<1 ms
改进 Sinpson 法（10分段）	0.099 596 1	15.1%	<1 ms
改进 Sinpson 法（10 000分段）	0.000 090 882	0.013 78%	2 ms
改进 Sinpson 法（10 000 000分段）	0.000 000 034 494	0.000 005 231 7%	915 ms
蒙特·卡罗法（10个）	0.059 329 85	6.168 4%	1 ms
蒙特·卡罗法（10 000个）	0.004 029 85	0.693 15%	6 ms
蒙特·卡罗法（10 000 000个）	0.000 061 65	0.029 57%	402 ms

最初看时间效率。当频度较低时，各种方法没有太多差别，但在100 000 000级别上改进梯形和改进 Sinpson 相差不大，而蒙特·卡罗算法的效率快一倍。

而从准确率分析，当频度较低时，几种方法的误差都很大，而随着频度提高，4 种数值积分法要远远优于蒙特·卡罗算法，特别在 100 000 000 级别时，蒙特·卡罗法的相对误差是那些数值积分法的近万倍。总体来说，在数值积分方面，蒙特·卡罗方法效率高，但准确率不如对比的数值积分法。

总体来说，当需要求解的问题依赖概率时，蒙特·卡罗方法是一个不错的选择。但这个算法毕竟不是确定性算法，在应用过程中需要冒一定“风险”，这就要求不能滥用这个算法，在应用过程中，需要对其准确率或正确率进行数理分析，合理设计实验，从而得到良好的结果，并将风险控制在可容忍的范围内。

蒙特·卡罗方法的优点是：能够比较逼真地描述具有随机性质的事物的特点及物理实验过程；受几何条件限制小；收敛速度与问题的维数无关；具有同时计算多个方案与多个未知量的能力；误差容易确定；程序结构简单，易于实现。蒙特·卡罗方法的缺点是：收敛速度慢；误差具有概率性。

蒙特·卡罗方法所特有的优点，使得它的应用范围越来越广。它的主要应用范围包括粒子输运问题、统计物理、典型数学问题、真空技术、激光技术，以及医学、生物、探矿等方面。蒙特·卡罗方法在粒子输运问题中的应用范围主要包括实验核物理、反应堆物理、高能物理等方面。蒙特·卡罗方法在实验核物理中的应用范围主要包括通量及反应率、中子探测效率、光子探测效率、光子能量沉积谱及响应函数、气体正比计数管反冲质子谱、多次散射与通量衰减修正等方面。

实际上，不确定性算法不只蒙特·卡罗一种，Sherwood 算法、Las Vegas 算法和遗传算法等也是经典的不确定性算法。在很多问题上，不确定性算法具有很好的应用价值。有兴趣的读者可以参考相关资料。

附录1 计算思维课程教学设计方案

附表1 计算思维课程教学设计方案

教学内容	教学方式和要求	学时分配
计算思维	MOOC学习	不占计划学时
课程导学	本课程的教学安排、教学方式、学习方法、学习要求等	2学时
计算文化	常规理论教学	14学时
讨论课	翻转课堂：要求集体备课，明确教学主题、要求，组织开展方式	6学时
实践教学	实验课，以“作品”制作为核心。提供Word、PowerPoint、Excel经典案例及其制作视频或讲解制作方法。学生模仿，制作自己的作品	24学时
课程总结	教师总结	1学时
基础知识测验	随堂测试	1学时
补充或提高内容	选学。网站制作、图形图像处理、动画制作等	不占计划学时

注：不占计划学时的内容通过开放计算机实验室让学生自主学习（16学时）或由教师根据需要灵活安排。

附录2　计算思维课程翻转课堂实施办法

翻转课堂任务分为3类题目，综合类题目由教师指定，面向主要学生；实践类题目由学生和教师共同协商确定，面向动手能力较强的学生；计算文化素质类题目由教师给出题目指南供学生选择，面向全体学生。

一、综合类翻转课堂课题

（一）指定可选主题

1. 中国超级计算机发展历程；
2. 中国自主操作系统研发现状；
3. 智能机器人研发现状；
4. 物联网技术的展望（可围绕小米智能产品谈起）；
5. 人机对弈的发展历程与技术背景；
6. 大数据时代下个人数据的利用与隐私保护；
7. “互联网+”时代下自主学习模式；
8. 3D类游戏与虚拟现实技术；
9. 创客与3D打印技术的应用；
10. 数字证书的应用（从https说起）；
11. 蒙特·卡罗方法及其应用；
12. 比特币与区块链；
13. 各任课教师可进一步完善充实可选主题。

（二）组织与考评

1. 题目应在开课第一周内公布，加强过程监督和引导。

2. 每个小组任选一个题目，各小组（同一自然班）不允许同一题目，选定组长。

3. 每个小组完成对应课题的PPT和3000字以上研究报告。

4. 根据教师指定时间在课堂上各小组代表用PPT上讲台演示课题工作，控制好演讲时间。台下同学可提问，教师做最后点评。

5. PPT演示内容以图片、短视频为主，结合少量文字。严禁大段文字复制，鼓励仿照网易上的 TED 演讲方式。

6. 研究报告在课程最后一次提交，要求排版美观，包括封面，目录和正文。

7. 各小组成绩由全体小组代表和教师共同打分。

二、实践类课题

1. 本类课题限个人选择，可选择编程、硬件制作或实验模型制作。

2. 须提前与教师沟通讨论，明确任务。

3. 须参加课堂演示，演示内容以介绍设计思路为主，仿照 TED 演讲。研究报告可选做。

三、计算文化素质类课题指南

1. 文化与计算文化；

2. 计算文化的特征；

3. 计算的历史演进；

4. 社会生活中的计算；

5. 经济生活中的计算；

6. 科学哲学与计算。

目的与要求：学生通过 MOOC 和翻转课堂学习，了解计算在历史长河中、在我们的工作生活中无处不在、无时不有。计算文化一直在影响着我们学习、工作和生活，计算文化素养成为现代人的必备素质之一。为此，要求学生通过学习，认识计算的重要性，了解计算之美。

四、翻转课堂教学模式下课程成绩计算方法

课程成绩 = 平时成绩 × 70% + 期末考试成绩 × 30%。

1. 平时成绩构成：平时成绩按照满分 100 分进行分块考核

（1）MOOC 学习：占比 20%。

考核细则：根据视频学习完成任务数、时长、频度及网上互动等情况综合打分。

（2）翻转课堂：占比 30%。

（3）实验课作业：占比 40%。

要求：实验课作业当堂提交，有 3 次不交实验作业，取消考试资格。

（4）出勤：占比 10%。旷课达到 3 次，直接重修。

2. 期末考试成绩内容

计算机基础知识测验（闭卷，通过在线考试系统考核）。